这世界没有与生俱来的优秀

天津出版传媒集团
天津人民出版社

图书在版编目（CIP）数据

这世界没有与生俱来的优秀 / 考薇著. — 天津：天津人民出版社, 2018.7
ISBN 978-7-201-13357-7

Ⅰ. ①这… Ⅱ. ①考… Ⅲ. ①成功心理—通俗读物 Ⅳ. ①B848.4 – 49

中国版本图书馆CIP数据核字（2018）第086777号

这世界没有与生俱来的优秀

出　　版　天津人民出版社
出 版 人　黄　沛
地　　址　天津市和平区西康路35号康岳大厦
邮政编码　300051
邮购电话　（022）23332469
网　　址　http: //www.tjrmcbs.com
电子信箱　tjrmcbs@126.com
责任编辑　刘子伯
印　　刷　北京合众伟业印刷有限公司
经　　销　新华书店
开　　本　880×1230　1/32
印　　张　6.5
插　　页　0
字　　数　180千字
版次印次　2018年7月第1版　2018年7月第1次印刷
定　　价　35.00元

目录

第一章　人际：优秀的人际关系，决定你的站位

第一章

人际：优秀的人际关系，决定你的站位

1　他人的态度，是一面犀利的镜子

—

总怪别人对你不好？你对别人真的好吗？

一

你有没有遇到过这种人？

每次见到他，都是倒霉蛋一枚。他说舍友对他态度恶劣，导师对他爱答不理，就连门口卖东西的小贩好像都刻意要欺负他。

听起来真是好可怜哦！

这种“倒霉蛋”我就遇到过，还不止一个。起初我想：哎呀他真不幸啊，世界怎么对他如此不公，坏人怎么都让他碰上了呢？可是后来，随着不断接触了解，我才发现：可怜的不是他，而是他身边的人——之所以那么多人都以恶劣的态度来面对他，实在是因为他自己。

他人对你的态度，是你对他人态度的反映。

态度，是一面犀利的镜子。

某女生，考虑到隐私问题姑且化名为小金，就是典型的这种人。小金与舍友关系不好，经常到我们宿舍来坐着，跟我们鼻涕一把泪一把地哭诉自己如何受到非人的待遇。当时我们宿舍里几个姑娘都太有同情心了，居然搬着小板凳极有耐心地听完，还替她出主意，替她骂其他女生。后来日子久了，我们几个小笨蛋终于反应过来了：她宿舍那么多人呢，别人怎么都挺好，就她过得不如意？而且宿舍里其他几个女生相处都很融洽啊！

也许，是她自己出了问题。

没错，就是她自己出了问题。由于选二专，小金的一个舍友和我们频繁交往起来，我们发现这个宿舍的几个女孩其实都蛮好相处的，小脾气啦当然是有一些，但绝对在可以容忍的范围内，并不像小金讲的那么阶级斗争感十足。倒是小金，她睡觉很晚，喜欢开着大灯害别人睡不着；宿舍里的卫生从来不做，美其名曰“我又没有弄脏”；舍友的洗发水沐浴露她想用就用，还经常跟我们抱怨说她的舍友小气，“像防贼一样，把东西都收得紧紧的，难道我会偷她东西吗？对我太不信任了”。

说到底，小金会觉得舍友对她不好，是因为她对舍友们不好，大家做不到以德报怨，也做不到以牙还牙，只能态度上冷淡而已。后来小金又变本加厉了，跟我们讲导师对她不好，说导师带了四个学生，偏偏对她的论文不管不问，不指导，也不点评，看几眼就甩出来了，哪有这么不负责任的老师。

确实啊，导师怎么可以这么不负责任啊！直到有一天，我们去帮教秘工作，隐约听到她的导师在抱怨，说小金这个学生太气人了，论文题目有错误就是不肯改，格式也不按正规的来，说自己的格式很完美，导师气急了就说："你要把论文基本规范看明白了！看不明白就别交论文给我！"结果到现在小金的论文还没有交过来。

对比小金的话，我们更愿意相信导师的话，但为了公平起见，私底下我们挺八卦地借看了小金的论文，内容且不说，我们水平不高没法点评，但是格式……唉。

由此可见，老师是一视同仁的，即使是会对某个学生偏向一些，但绝不会太过分。我们要对教师队伍的素质有信心。导师甩你的论文出来，一定有导师的道理，回避自己的问题，只讲老师的不对，那就太偏颇了。

从那之后，我们对小金的同情心淡了，觉得她虽然很可怜，处处遇"坏人"，但往往都是她有错在先。有一天，小金再次闯进我们的宿舍，哭着说她没法活了，我们想这可是大事，不能不管，又集齐了全宿舍的小板凳开导她。小金说她今天帮男友去交电费，不然就要欠费停电了，结果交电费的都难为她，这个世界怎么这样啊！

"太过分了！收电费的有什么了不起啊！"我们义愤填膺。后来一问，原来是小金交电费的时候弄不清户名，也不知道账户号，非让人家一户一户给她查，收电费的姑娘说，你身后排队的人太多了，查这个又特别慢，如果你要查，我得先给大家办完再给你查，我建议你还是回家弄清户名再回来办吧。

我们都觉得姑娘的说法合情合理，但是小金不服气啊，她“嗷”一嗓子跳起来：“凭什么不给我查！她能查也不给我查！是不是要逼死我！”看到她这种气势以及不讲理的态度，我们纷纷同情那个收电费的姑娘了。

当天晚上小金又是哭来号去的，原来那天是她导师约她讲论文的日子，因为交电费的事，她把这个给忘了。导师次日要出国，回来就是两周以后了。这样的事情本来要埋怨自己没有把时间表做好的，但是小金却不，她说是那个收电费的害她这样的，她恨死那个收电费的了。

恨来恨去，就是恨不到自己身上。于是她觉得全世界的人都不好。

一来二去，身边的人都弄清这个情况，对小金的态度真的淡下来了。我们都需要正能量，没有人愿意陪着一个犯错只找他人原因的负能量少女生活。小金几次来找我们，看到我们都淡淡的，便怨恨地走了。

隐约听到小金说，我们宿舍都没有同情心，都是一些冷漠的人。

对此我们只能看淡。

小金会停止她的抱怨吗？当然不会。新一届学生来了，她总会找到听众。

有一天，新入学生会的小学妹跟我说：“学姐，你们那届有个小金吧？长得蛮好看的，命怎么那么苦啊，她舍友对她不好，导师也不待见她，身边的朋友个个都落井下石，真的好可怜啊。我想着，也许是自古红颜多薄命吧，你说呢？”

听了这话我不禁有些脸红，因为我从小学妹的意味深长的眼神里，读出了一个信息：那个“朋友个个都落井下石”，其中可能就有我们宿舍这几个人吧？

我没法跟学妹讲小金的真实情况，因为讲他人的短长不是我所好，我也没有那个工夫。我相信小学妹渐渐会弄清真实的状况，也会渐渐明白：小金之所以觉得全世界的人都对她不好，是因为她对全世界的人也都不怎么样。

他人的态度，是你对他人态度的一种反映。也许不是百分百反映，但绝对具有参考性。

二

态度，到底有多重要呢？

我们家门口有个邮局，长期办业务的是一个和我差不多年纪的姑娘，每天板着一张脸，看谁都像欠了她的钱似的。我去邮局办业务是一件特别不愉快的事，但又避免不了，因为好多杂志的稿费都是通过邮局汇款，所以领稿费这等开心事，往往会因为姑娘的一张脸以及恶声恶气的态度，演变成一种磨难。

第一次遇到这姑娘，是有故事的。当时邮局办业务的大妈排队，我前面的大妈耳朵背，所以不停地“啊？啊？啥？”虽然很同情大妈的耳背症，但是平心而论，这种声音确实会让人心生郁闷和烦躁的，霹雳火性格的姑娘更是忍不了，提高了嗓门大吼起来，而大妈平时耳背，这时候耳朵倒也不背了，一下子就感知到了姑娘的态度不好，于是大吵。能够吵过大妈的小姑娘不多，这办业务的小姑娘居然可以做到和大妈“平分秋色”，所以我对这姑娘真是“佩服至极”，心中恶感萌生。有了先前的体验做基础，轮到我办业务的时候，我也冷着一张脸把提款单丢了过去，姑娘一顿敲打键盘，又给我丢了回来。怎么说呢？那气氛反正……很不怎么样。

此后次次都是这样，我妈多次想要提意见换个姑娘，但恐怕也没有那么容易。直到有一天，我发表许久的稿子突然寄来了稿费，我一度以为这家杂志准备拖欠的，所以这笔款子的到来如同意外之财，令人惊喜万分。没有人会跟钱过不去，那天我心情实在大好，连蹦带跳地去提款，早已经忘记了与这姑娘多次碰撞的过节，当姑娘伸出一只手，爱答不理地说“单子”时，我居然双手把单子递过去，还客气地说了一声“麻烦你哦”。

姑娘似乎愣了一下，随即表情就变化了，虽然没有摆出服务上帝的招牌笑容，但至少不再带着我抱她家孩子跳井般的怨恨，敲打键盘的声音也不像擂鼓似的。办好之后，我拿着刷啦啦的票子，非常开心非常礼貌地说：“谢谢你哈。”姑娘居然露出一点点微笑，然后回复说：“不客气，慢走。”

当拿到稿费的喜悦被冲淡之后，我冷静地回想那一天，发现这真是个神奇的经历。千年铁树有开花的时候，多年的哭丧脸也有笑开颜的时候。从那之后，每次去提稿费，我都会对那个姑娘绽开一个笑脸，同样她也会“屈尊”回报一个。然后等到我后面的人办业务时，姑娘可能又会恶声恶气了。

我突然想到：她之所以服务态度差，很可能是在她上班的第一天，就遇到了许多很难讲话的顾客，从那之后，日积月累就养成了这样的习惯。顾客不给她好脸色，她就率先不给顾客好脸色。

总体来说，这位姑娘的服务态度不值得提倡，甚至应该提出批评。但是从她身上确实可以看出一个事实：再不给面子的人，当你对她态度好的时候，她也会给你更和缓的反应。

同样地，即使是一个脾气很好的人，你对她恶声恶气，她恐怕也不会笑脸相迎吧？我有个好朋友，脾气好得不得了，人也善良真诚，但自从去了窗口单位后，很多人来办业务时对她非常不客气，动不动地指责谩骂她。初上班的几个月，她天天哭得像泪人似的，后来她找到了保护色，每次上班她先甩一张脸子给顾客，制造一张“不好惹”的面具。可悲的是，从那之后来找她麻烦的顾客真的少了。

不过她也经常听到有顾客说："那个姑娘一看脾气就不好，什么脸色！"

她心里冤着呢："其实我脾气可好可好了，现在变成这样，还不都是逼出来的？你们看到的脸色，都是曾经你们对我态度的反射。"

生活中，这样的事例比比皆是，比如开车在路上有了剐蹭，如果下来一个人直接朝着对方大骂，对方一定会骂回来；但如果试着不骂，也许对方也不会骂。比如上公开课身边坐着一个不认识的同学，如果你冷脸一节课不说话，他可能也不会讲话，课后各自散开，但如果你先打一个招呼，有很大可能性他也会和你打招呼，然后大家聊聊天，说不定还能借来笔记抄抄。

生活中很多不愉快的事情以及带来不愉快的人，都是我们自找的。我们在期待对方给予好态度的同时，要先给予对方一个友善的信号，如果对方不接招，继续吆五喝六没有礼貌，那是他没有素质，我们大可以喝之。

总之，先抛一个微笑试一下，我们没有损失，对不对？

而且尝试之后你会发现，你身边的"和气的人""友善的人""乐于帮助的人"会变得越来越多。不经意间会觉得世界都美好了。其实变美好的根源，就是你对他人的态度。

同样，当一个人向你抱怨全世界都对他不公平、不友好的时候，千万不要贸然可怜他。世界对每个人都差不了太多，如果一个人总是遇到坏人，那最有可能的就是：他也是一个坏人。如果你不想天天遇到坏人，先改善自己对他人的态度，你会发现全世界真的没那么多坏人，他人对你的态度，往往是一面犀利的镜子，反射出来的是我们自己。

试试看，真的会有用。

2　其实，你不需要那么多朋友

——

朋友贵精不贵多。别让酒肉朋友和泛泛之交占有你太多精力。

一

和敏虹出差的第一天，我被她强大的交际能力震惊了。

这一路上，她的手机就没有停过，对我说得最多的一句话就是："哎，帮我拿下外套，我朋友打电话来了。"我不明白为什么敏虹接电话的时候需要我给她拿外套，但我确实对一个拥有这么多朋友的人充满尊重，所以毕恭毕敬地接过她的外套。

敏虹拿起电话后，常说的就是："哎，对啊我在 ×× 地啊，是啊是啊，这次我们要见一面啊，但我们出差太忙了，真不一定有时间，但是你放心，我肯定争取，肯定肯定……"

前前后后敏虹打了近十个电话。放下电话后，敏虹见我一脸仰慕地看着她，便自觉地解释了一下：“都是我朋友，听说我到这里出差，想要见个面。你说都是朋友吧，谁的面子能不给？但是咱们出差确实安排得太紧了，为难啊。”

“对对对。”我一迭声地点头。然后扪心自问，在这个二线城市里，我其实一个可以打电话约出来的好朋友都没有，再看看人家，光这个城市就有这么多朋友，真是高人啊！

“朋友多了路好走。你们年轻人啊，现在交际确实太单调了，应该多交朋友。”敏虹正在点拨我，说到一半手机又响了，“你看，微信又来了！这是我一个老朋友，旅游局的，现在混得好着呢，将来有什么事，就可以找他。”

诚然如此，敏虹在出差之路上比我忙得多。旅途中，我只顾着趴在窗口看外面一排排的热带植物，见到火龙果树都大惊小怪的，而敏虹一直忙于发微信，打电话，她说：“朋友太多了，其实这都是我生活的常态。”

你看看人家！我已经想要钻地缝了。

当天晚上，我和敏虹同住一个标间，继续感受敏虹朋友无数所带给我的巨大冲击。但令我吃惊的是，敏虹虽然一个电话接一个电话地回复，当晚却没有任何一个饭局，晚上她自己待在酒店里，无聊地玩手机刷朋友圈。

看来她不是没有档期啊。难道是太累了不想出去？

这时候敏虹跟我说：“哎，夜景不错，咱俩出去走走吧。”

看来也不是太累了不想出去啊。

第二天，发生了另外一件事，让我对敏虹的“朋友论”产生了新的看法。我们分头去不同的会场开会，中途我接到敏虹的电话，说她穿高跟鞋摔倒在台阶上，脚扭了不能动了，让我快点去看她。

事实上，我俩此时分别在一个城市的东西两地，赶过去需要很久。我好不容易赶过去，本以为敏虹肯定找了别人来陪她，然而并没有，只有她自己。

“你那些朋友呢？随便叫一个来啊，居然活活在这儿等着我！”我这人一着急说话就不太好听。

敏虹的脸色变了，她张张嘴想说什么但又压了下去，然后任由我扶着她上医院。在去往医院的途中，她的手机还是不停地响。

这个城市的医院排的队蛮长，依照我国的国情，如果有个把熟人就好办多了，敏虹此时已经疼得汗珠直冒，我出于好心提醒了她一下：“你有这么多朋友，有没有医疗单位的？帮咱插个队呗，我知道不道德，但是……”

“不行！不做那缺德事。”敏虹一句话就把我堵了回来。

后来的几天，敏虹在医院里上石膏，每天折腾得死去活来，没有一个朋友来过。只有我独自陪着她打饭拿药送水果，敏虹对我无比感激，终于吐露了一句话：“其实真到用的时候，没有一个朋友能来！”

不用她说，我已经看出来了。敏虹虽然每天周旋在各种朋友当中，但那些交往全都是虚伪的问候，朋友们都会讲：“你贵步临贱地了啊！我们这个小城的荣幸啊！我们肯定要见见，老朋友这么多年了，你约个时间吧！哈哈哈……哎呀，但是今晚我不方便啊，明天，哈哈，明天再看哈。”

我们进入社会几年之后，就会逐渐发现，许多“请你吃饭”“咱们都是多年的老朋友”“咱俩谁跟谁啊”“一定要聚聚啊”之类的话，百分之八十都是一种客气，你当真是你太单纯了。大家对你发出礼貌的问候，只是为了表示没有忘记过你，你也可以用这种问候与人交流，表示你对人家承情。这样就可以了，就到位了，不需要真的实践，真实践起来都是麻烦和龃龉。

敏虹不懂吗？她当然懂。所以每一个朋友提出邀请的时候她都说忙，才会在这个陌生的城市自己度过第一个夜晚。她也知道自己生病之后朋友们都会给出温馨的问候，但真让朋友们来看护或者照顾自己，彼此的友情根本达不到，提出来是自己打脸。

对，我们大多数情况下所相处的“朋友”，友情的深度、厚度和热度，都是“达不到”的，用起来的时候都是“打脸”的。

从严格的意义上来讲，这样的“朋友”不算是真的“朋友”，这只是点头之交，算是熟悉的人而已。但是现在越来越多的“成功学”“朋友学”告诉我们“朋友多了路好走”，所以我们强行降低了关于“朋友”的标准，把这些群体都纳入到自己的朋友体系中来，同样自己也被越来越多的人纳入到这个朋友体系中去。

看似大家的交往越来越广泛了，大家都越来越容易成功，实际上还是空虚，真正的朋友还是只有那么多而已。

即使是现在，我坐在敏虹的床前照顾她，我也不算是她的朋友，我只是她的同事而已。但敏虹把我当成了她的朋友，紧紧地拉着我的手，她说：“你才是真心朋友，真的！”

我想，我可能会成为敏虹今后电话及微信体系当中的一员，但我觉得，我愿意帮助她，但不想成为她这样的朋友。

二

说到朋友，不得不提现在流行的微信朋友圈。

朋友圈的出现，带给了我们新的交往体验。以前那些毕业了就不会再见面的同学，如今发一个朋友圈就如在眼前；以前那些不喜欢的、妒忌的、看不上的同学，也可以通过朋友圈窥探她/他的生活经历。朋友圈拉近了我们与熟悉的人的交往，也让我们看到了形形色色的人生，但是我想说："朋友圈"里的，真不一定都是"朋友"。

早晨我被手机闹钟吵醒，在"再睡一会儿"和"玩一下手机"之间，选择了玩手机。而玩手机的实质行为就是看朋友圈，我看到××早起去跑步了，我看到××昨晚去嗨皮了，我看到××今天又晒娃了，看得不亦乐乎，然后吃惊地发现自己快要迟到了。

在我仓促地穿衣洗脸的时候，我在想：我刚才干啥呢？看他们的朋友圈有啥用啊？他们的生活和我有什么关系啊？

但不幸的是，第二天早晨我还是会撑着蒙眬的睡眼刷朋友圈。

朋友圈占用了我们大量的时间，并使很多原本都不会成为朋友的人进入了我们的朋友体系。我有个初中同学，上初中那会儿我俩坐在同一个小组都不怎么说话的，收作业本的时候也只是肢体交流没有言语往来，彼此的人生观也很不同，发展不出更深的友谊。但不知道为啥，我俩总是有朋友圈互动，而且单看我们彼此的留言，就好像铁了一辈子的朋友似的。其实我知道我俩的差距还是很大，还是玩不到一起去，想不到一起去，过不到一起去。

那么，我在她以及许许多多“朋友”身上花费那么多时间，真的值得吗?

不值。

现在越来越多的人发现了这一点，并开始强行去除朋友圈对自己造成的不利影响。比如我所认识的南京电视台某名记者，她身边都是优秀人士，朋友圈自然是丰富多彩，结果她用大量的时间刷朋友圈，而且不能自拔，不仅广泛地刷，还会定点看某个人的微信，她说：“有时候看完朋友圈抬起头来，我发现这个活动比我写采访稿都累，脖子好酸！”

朋友能做名记，自然是个有自知和自制的人，前段时间她强制关掉了自己的朋友圈，不再发状态，也不再看别人的状态。我俩吃饭的时候，她说：“感觉真好，以前总觉得晚上的时间不够用，现在关闭了朋友圈，感觉下班后的时间多了不少，可以陪儿子玩耍，可以看会儿散文，还能剪剪花草，真棒！更舒坦的是，以前看到别人生活得特别高端大气上档次，又去哪哪旅行，又瘦了多少斤，又取得了什么样的成绩，又变美变得更有气质了之类的，都会让自己徒增巨大的压力，觉得自己简直就是个失败者，怎么活得谁也不如。现在好了，她们爱怎么样怎么样，我不看，眼不见为净！”

听起来非常励志。但是半个月之后，这个朋友的朋友圈再次开放了，她也继续在朋友圈发状态了，一切如旧。我问她为何，她说："心是静了，但觉得和整个世界都脱节了啊。"

同样的情况也发生在我很多同学身上，他（她）们都是一些对生活很有追求，一贯珍视时间的好同志，但绝大多数（据我了解是百分之百，不过话不敢说太满而已）都没能坚持住对朋友圈的关闭。

可见，强制性的关掉朋友圈并不是将自己从"朋友绑架制"中解脱出来的好办法，再困难的客观条件都可能被我们的主观能动性克服，导致最终打开朋友圈的禁闭。此外，朋友圈确实是一个分享、学习以及了解社会的好平台，生生脱离也是一种遗憾。

所以说到底，真正有效的方法还是来自我们内心。

我们自己要摆正观点：朋友圈里的并不一定都是朋友，有相当一部分很可能只是过去的同学、现在的同事以及许许多多有过一面之缘的人。大家相识是一场缘分，但很有可能仅到此而已，没有必要被强占掉许多时间。"圈内朋友"的状态没必要每条必看，"圈内朋友"的生活没必要去妒忌羡慕，"圈内朋友"的留言没必要次次都用心琢磨。大家只是"圈内朋友"，并不是可以交心、过命的朋友，点到为止是最好的。多一些心思留给自己，也留给真正相处融洽、价值观相合、感情甚笃的好朋友，这才是正道。

更重要的是，我们要明确一点：试图通过微信和朋友圈来讨好他人，强行与别人建立表面上的朋友关系，这种关系不牢固、不可靠，也不真诚。

我们并不需要那么多朋友，并非我们不珍视友情，而是我们不需要那么多浮华，不需要那么多不真实的感情。

真的，点到为止就最好了。

说到底，我们对于朋友的态度应该是这样的。

首先，我们重视朋友。

第二，我们要精心筛选朋友。

第三，如果一旦确定了是朋友，就真心交往。

第四，如果只是泛泛之交，那么请珍惜缘分，互道珍重，彼此祝福，点到为止吧。

3　来言是非者，必是是非人

总对你说某某坏话的人，小心他也对某某说言你的长短。

一

楚檬一把关上办公室的门，急匆匆走到我桌前，推心置腹地对我说："哎，咱们关系好我才跟你说哈，一定要小心 ×××，她那个人特别不地道！"

"啊？"我立即就睁大了眼睛，做出静听教诲状。

楚檬压低声音说："她今天上午鬼鬼祟祟上主编那里去，别以为我不知道她去干什么，就是讲我的坏话。昨天我有一篇二校的稿子丢在她那里，唉，一点小错误，她肯定要闹得天大！你是新来的，将来说不定有机会在我们社里做正式的编辑，你千万要小心这种人，知道了吗？"

"知道了知道了，谢谢楚檬姐！"我把眼睛睁得更大，一副人畜无害的样子，但我对她所讲的内容已经不再信以为真，甚至已经不以为然了。

因为我已经不是三个月前的我。

我知道她今天对我推心置腹无话不谈，明天可能又钻到别人的办公室，照旧关上门，对那人说“咱们关系好我才跟你说……”

三个月前，我初到这家全国著名的出版社，对一切都是迷茫无知，渴望有一个高人指点一二。楚檬应时应势出现了，她似乎对我有与生俱来的“好感”，见面几天之后就对我推心置腹，跟我讲单位里许多钩心斗角的风波，惊得我像《甄環传》里初入宫廷的小宫女似的，战战兢兢，并对楚檬这样的资深办公室白骨精之金玉良言珍视不已。我还记得有一天，办公室里只有我俩，楚檬从抽屉里掏出一罐来自江南的明前好茶，非要给我泡一杯，然后非常亲切地说：“哎，我这茶可贵了，但我乐意给你泡，因为你是个实在人、善良人，给你喝了我愿意。像那个 ××× 啊，我这茶叶撒出去也不给她喝！你不知道她吧？总爱占小便宜，见我有这种好茶，经常蹭我的好茶叶喝，这种人啊，哼！”

当时我喝着人家的香茶，心里涌上了对“爱占小便宜的 ×××”无限的鄙视，心想我能遇上楚檬这样的好人真是太幸运了。尽管那个时候，已经有人善意地提醒我：“楚檬那个人……不错，但是你……别走太近啊。”我把这些话都当成耳边风，既然楚檬“不错”，为什么不让我“走太近”？这种矛盾与含糊的修辞艺术当时我还不太懂，背后的深意更是完全没有领会到。

直到有一天，我在办公室门外，听到楚檬用同样推心置腹的语气跟别人说：“你别看她是新来的，人小鬼大着呢！就说这个茶叶吧，她也知道我这个茶叶好，总拿我的茶叶喝，呵呵，我是不跟她计较……”

我在这段话的结尾处，听到了我的名字。无法用词语形容我当时受惊、受辱的心情，就像掉进了数九寒天的冰窟似的。一周之后，我急忙让同学从江南带回了贡品的紫笋芽送到楚檬的面前，我想我喝了你一杯茶，还你一罐好茶总行吧？楚檬当时眉开眼笑的，还是那种熟悉而亲切的语气：“我看你就是个上路子的人，不像那个 ××× ……”

若是以前，我肯定会跟她一起鄙视 ×××，但现在我已经不敢信了。我觉得 ××× 可能也是跟我一样躺枪的。

后来，随着实习生活的深入，我越来越发现，楚檬其实是一个缠身于是非的人，她看谁都不顺眼，跟 A 说 B 不好，跟 B 说 C 不好，跟 C 又说 A 不好，总之没有一个好人，更可怕的是，每当她跟你讲别人是非的时候，总是拿出“你是我自己人”的架势，让你不自觉地就会与她站在同一条战线上——至少像我这样的职场菜鸟经常犯这种错误。

那么，A、B、C 到底是不是坏人呢？绝大多数情况下都不是。诚然每个人都有做得不对的地方，但哪有完美的人啊，这些小问题往往睁一只眼闭一只眼就过去了，相处还是可以很融洽。但如果遇到了喜欢煽风点火的人，天天拿着放大镜找问题，并把放大之后的问题全都告诉你，那你就会觉得成天都生活在水深火热的恶劣环境里，宫斗戏时时上演，恶心事处处缠身。

以这个标准来看，楚檬才是做人最成问题的一个，她总是带着一颗“言是非”的心出现在我们的办公室桌前，殊不知，她才是那个

“有是非”的人。

这样的人，惹不起，但我们躲得起。后来，每当楚檬再次紧紧关上办公室的门窗，并用那种神秘兮兮的语气跟我说话时，我都会睁大我的眼睛，看上去特别认真地听取她的抱怨，实际上她所说的是非我都不会往心里去，更不会将她的风言风语加入到我对单位人事的主观评价中来。让她讲吧，我没有能力和地位反驳她，但我可以让她不影响我。

流言传到我这里，止住，结束，也是一种消极的智慧吧？

二

来言是非者，必是是非人。

如今，越来越多的人意识到这一点，并有意识地躲避疏远那些喜欢蜚短流长的人。如果仅做到如此，还是不够的：你躲了别人，那你到底说不说是非呢？

绝大多数人，都会觉得自己是个特别“实事求是”的人，与生俱来的双重标准让我们对自己格外宽容。本来嘛，我们觉得不对的就不会做，我们做了就是因为我们觉得对，所以每个人都极难客观评价自己的行为。

有时候我们说了东家长西家短，却一点都不觉得自己是“言是非”，倒还觉得是仗义执言呢，这也就可以解释为什么世界上有那么多喜欢“言是非”的人。

所以，当我们认清了“来言是非者，必是是非人”之后，要做的不仅是辨识那些不应多接触的是非者，还要做到自己对“是非”二字有新的认识。

什么叫是非？

首先我们要明确对这个词的定位。不是不能说话，不是不能八卦，是非二字其实界线很模糊，但总体来说，那些以臆想为主、主观色彩特别浓厚的东西，应该就是是非了。比如我对某某人特别不喜欢，他做错了一件事，我说“某某人把某某事做错了”，这不算是是非；但如果我说“某某人啊，我早就看出来他的心理有问题了，要不然能把某某事做错吗？他做的时候肯定是这么想的……”之类，这就是是非了。此外，是非当中还会有大量的负面情绪存在，就比如我上文提到的楚檬，在她的世界里，被八卦的没有一个是好人，全都对不起她，全都“值得小心”，这种话也往往被归类到是非中去。

那么，到底怎么控制自己不说是非呢？这点说起来容易，做起来却真难。生活和工作中有种种不如意，谁能没有个看不惯的时候？谁能没有个满腹牢骚的时候？如果全都憋在肚子里不说，要么是圣人，要么就会憋死人。

关于这一点，我觉得我认识的一个作协的姑娘就处理得蛮好。几年前她进入了一家国企，工作任务没有多少，人事关系却复杂非常，刚入职的姑娘就像刚实习的我一样，迅速被几个“我跟你说，咱们关系好，才把这话说给你听”的同志给俘虏了，越听越糊涂，越听越负能量，简直无法在单位里正常生存下去。几年摸爬滚打之后，她的文风变了，从最初写悬疑转成写童话，整个人也淡定下来，她说：“那些来找我嚼舌头的人，一般扭转屁股就会找别人说我的坏话，我跟他们有什么可聊啊？至于我自己，我也爱说话，但我有我的原则。”

第一，不确定真实性的事不讲。有个经典的事例，如果你告诉某个女人一个秘密，并告诉她“只跟你讲了，你可再别往外传”，那么恭喜你，你的秘密很快会被全世界的人知道。许多人都保守不住秘密，然后会忍不住把你的话向外传。同样，办公室里也是如此。比如你某天真的忍不住了，讲了某某人的坏话，这句话很快就会传到某某人的耳朵里，那时候如果某某人是个烈性子，真的找你来对峙，至少你说的是真实的，气势上情理上都压人一头，也会给同事们一个“很耿直”的印象；但如果你传的话是假的，那么瞬间就会降低人品值，以后再说什么也没有人信了。

我身边有一个例子，硕士毕业的时候很多同学都在争取留校名额。有一天，A 女跟我舍友说：“我肯定选不上了，我听说了，这次的名额已经内定给 B 男了，唉！”我舍友信以为真，遇到 C 女要争取留校名额的时候，就想告诉她别择他路。她的话都快要到嘴边了，让我活活地拦下来了，我说：“你确实是一片好心，但你确实 B 男被内定留校了吗？你只是听 A 女说了这么一句，但 A 女的话肯定可信吗？焉知不是她道听途说，或者干脆是为自己选不上找的一个借口呢？”舍友觉得有理，把后半句话咽了下去，最后事实证明 B 男根本没有留校。舍友才恍然大悟，哎呀妈啊，幸好我没有传这个话，不然人家 C 女怎么看我啊？

是非的真实性，一定要弄清楚，这太重要了。

第二，不跟没有用的人讲。你有没有这样的感觉，当你刚受了委屈或生大气的时候，特别想要第一时间与人倾诉，恨不得马上讲出来，如果过了几个小时或者几天，有新的事情冲淡了这一感觉，你就不想讲了。所以，通常来说，发生大事之后首个出现在你面前的熟人将成为最有可能性的听众，因为那时候你的倾诉欲极高。但是，这个人可靠不可靠呢？跟他讲有用没有用呢？讲之前要想明白这两个问题，然后再开口。想完了这两个问题之后，如果对方还值得你讲，那就讲吧，说明他对你有用，也是值得你信任的人；如果想完这两个问题你就不会再想讲了，说明这个人不值得你去倾诉，从而可以顺利避免因口舌而留下隐患。比如我有个同事，天生暴脾气，只要有了委屈，第一时间就要找人讲，遇到阿猫跟阿猫讲，遇到阿狗跟阿狗讲，完全不顾及对象。结果，很快就吃了恶果，因为有一次他对上级领导不满，全都在第一时间倾诉给了路过他办公室的竞争对手，竞争对手循循善诱，他也就娓娓道来，说得一干二净。几个小时之后，他回过味儿来了，后悔不迭，但话已出口再难弥补，后来的恶果不说也罢，只能说这样的人，在宫斗戏里活不过三集。

当然了，上述两个原则都是在“我忍不住了，我真的想讲”的前提下，能不讲的时候最好还是不讲。

也许会有朋友问：“你怎么这样啊？别的书都教大家怎么‘不讲是非’，你却教大家怎么‘讲是非’，太不负责了。”

那我只能抱歉地解释：“不讲是非，是理想状态下的我们，一味劝大家‘不讲不讲’其实是不负责任的表现，有时候我们确实控制不了自己，那就要把讲是非的损失减到最低，是不是？”

综上所述，一要远离频繁对你讲他人坏话的人，相信我，他（她）

肯定不是你的真心朋友，总有一天也会对他人讲你的坏话；二要控制自己尽量不做“是非人”，这个形象非常不光辉，即使是控制不了，非要讲几句，也要在保证真实性的情况下，对可靠的、解决问题有利的人讲。综合了上面两个原则，再加上合理地规避掉那些爱讲是非的讨厌人，我相信大家都可以过得挺好，嗯，就这样。

4 势利，没什么不好

渴望向优秀者靠拢，没什么不对。

一

惠子和男友分手了，原因是男友说她太势利，他没法满足一个如此势利的女人。

但是惠子不服气，她说："我只是想跟更优秀更成功的人接近，有什么不对的？"

惠子和男友晓鹏是大学同学，通过学生会认识，经常一起做活动，时间长了日久生情．和大多数的校园爱情一样，其实没有那么多惊心动魄、浪漫跌宕，有的只是一起上自习、一起去食堂、一起逛公园的平淡生活。校园的生活把所有人都拉至一个相对公平的地表，惠子看不出晓鹏和他人的差距，晓鹏也看不出惠子除了美貌之外其他的长处。

直到工作，进入社会就完全不一样了。惠子发现，晓鹏虽然在校是学生会干部，专业课成绩也不错，但完全称不上是一个优秀的人。下班之后就是打游戏，和大学同学结伴相呼，一玩就到半夜；到了周末，一觉睡到日上三竿，起床后脸也不洗牙也不刷，倚在沙发里狂玩手机；工作上遇到问题，回家就骂娘，好像全世界都对不起他，骂完后喝点啤酒倒下来，在睡眠中麻木自己。

彼时惠子也在职场挣扎，样样不顺，但她每天晚上都在充电，希望能够考一个有用的证，换一份环境更好的工作。在巨大的压力下，惠子看到晓鹏如此浪费时间和精力，总觉得非常可惜，难免就要多劝几句。于是，两人经常因为“你就不能干点正事”这样的问题吵起来。

在晓鹏看来，我上班了，挣钱了，我就是干了正事，工作其余的时间我想怎么挥霍就怎么挥霍。晓鹏的经典语录是：“老子交没交房租？老子饿着你了吗？老子工资是不是比你高？你还想说老子不干正事？”

惠子不明白，干不干正事与是否能定期上交工资有什么关系？

日子一天一天过下去，每当看到晓鹏坐在沙发上玩手机或者趴在床头打游戏，惠子都觉得胸中气闷，说不出的压抑。惠子是个要强的女人，现在的日子不是不能过，但绝对不是她想要的理想状态。

在这样一个男人身边，她看不到希望。

于是，惠子下班之后不爱回家，总是希望跟更优秀的人待在一起。她跟着单位里的博士、硕士生们一起参加健身班、插花课，周末与许多客户一同参加文物业余爱好者研讨俱乐部，去周边城市参观古迹。她发现，身边有那么多人在积极利用时间拓展自我，为什么晓鹏就不能呢？

周末，晓鹏约几个哥们儿出去吃饭，照例叫惠子一起去。但惠子不愿意，她知道那些男人聚会都干什么，在街头找个羊肉串或者小龙虾的馆子，几瓶啤酒下肚就漫天吹牛，好像全世界都在他们的掌握之中，现在的生活不过是暂时的，一旦他们进入商界或者政界，立即风生水起，银子大把来。

“老子就是不想干，要干肯定比他们强！马云他有什么了不起？卖小东西的嘛，我也行！”

惠子屡屡都要发笑：他们凭什么这样想？

所以这次晓鹏约惠子聚会，她没去。下一次，惠子还是没去。几次之后，晓鹏的哥们儿就透出话来：“晓鹏，你要小心了，你那个媳妇啊，势利着呢。她不跟我们来并不是没有空，我有天看到她跟着一群大老板在德基喝茶呢！德基啊，高档消费的地方！”

晓鹏跌了面子，这次要求惠子必须出席他和哥们儿的聚会。而那一天，惠子口译没有考过，约了几个朋友当天晚上想去试听一家口译班，所以坚决不去。

晓鹏发怒了，他动手摔掉了惠子的茶杯，大吼道：“你怎么这么势利！”

势利？这是势利吗？惠子呆住了。

“就是势利！你看不起我们这些平头百姓，就愿意捡着高枝儿去飞，只跟有钱人玩，这不是势利是什么？我告诉你惠子，我看穿你了，你迟早会跟着有钱人玩到床上去！”

那天惠子摔门而去，没有回家，在朋友家住了一个晚上，认真地思考了这段感情。一直以来，他们基于大学时期的感情基础，从未真正面对二人世界观的差异，直到今天“势利”一词的出现，让她真正懂得两个人已经相背而行，走了那么远。

后来当然是晓鹏认错，又劝她回去，然后继续生活，继续争吵。“势利”二字惯常出现在争吵的内容里，成为惠子抹不去的标签。即使是在晓鹏的圈子里，也有许多人会讲她势利。他们会说：“别看晓鹏找的女朋友优秀，其实人势利着呢，哪有我们这些踏实媳妇好。”其他一些庸碌的、结交不到更优秀的人，安于每天回家看剧刷手机的女人们也在附和，认为自己才是真的好。

所以，这段感情注定要走到末路的。

分手的时候，惠子哭得特别惨，但晓鹏却没有什么反应。他说：“我知道迟早会有这么一天，我以前没看出你这么势利，看出之后就知道，迟早这么一天。”

这句没逻辑的话，磨灭了惠子对晓鹏最后的留恋。

二

我到底错没错？

惠子一直不明白。为什么那么多人说她势利，而她只不过是想跟更好的人一起生活、一起玩耍、一起进步而已。

势利，通常是指以财产、地位区别对待他人，是个贬义词。但在某些时候，比如惠子，她愿意参加成功人士的聚会，不愿意跟着晓鹏的朋友们出去玩，在晓鹏看来就是一种势利——晓鹏扩大了势利的外沿。惠子并不认可这种说法：“如果这就是势利的话，那我觉得势利真的没有什么不好。”

在惠子的圈子里，确实是那些更有钱更有地位的人，他们表现出更多优秀的品质。惠子以前也仇富，觉得所有富人的钱都是天上掉下来砸到他们脚背上的。可是通过接触，惠子不这样想了，她发现富人工作更拼命，生活更有追求，对时间的利用也更充分，人家的富裕是有道理的。

比如杨总，国内某大型民营企业的一把手（由于未征求杨总本人的同意，因此具体名称就不细述了）。杨总如今资产过亿，初一见面不过是个肤色微黑的小胖子而已。惠子有点外貌协会，当时第一反应就是：这种人能有什么本事啊？

事实证明，人家真的有本事。几次业务接触下来，惠子发现杨总虽然已不年轻，却还保持年轻人的干劲，每天工作近至凌晨，业余坐下来的时间绝不会掏手机玩游戏，而是看书看报，联络朋友。最打动惠子的是杨总吃饭的样子，本以为这种富人会特别讲究吃饭，不承想，杨总吃得很健康很简单，而且吃得很快，他还不好意思地笑着说：“吃相不好？是吧。吃饭快一点，工作时间就多一点。”

好吧，惠子不能不佩服，人家每一分钱都是通过努力应得的，而不是坐在家里静等着大风吹来的。惠子自从接触到杨总之后，也开始珍惜起时间来，她从杨总这里得到的不仅仅是业绩和工作上的回报，更获得了精神上的提升。

如今的世界总在不断地洗牌，没有能力的人无法长期站在财富和权力顶峰，所以，惠子更愿意和有地位有财富的人在一起，从他们身上能学习到太多太多。

于是，尽管失去了爱情，惠子还是坚信：我没错。

如今的惠子，在晓鹏眼里肯定还是那个“势利”的人，她喜欢跟硕士以上学位的人交流，喜欢跟中产阶级以上的人相处，喜欢跟社会名流打交道。身边不乏有人说她“巴结着呢”，她听完也生气，但转头也就淡然了。因为这些优秀人士还教会了她一个道理：无法让所有人都赞同你的所作所为，你自认为正确了就好，何必为不重要的人生气呢?

现在我认识的惠子，已经开上了宝马，频繁出入高档消费场所，硕士在读，准老公也是成功人士。有人说：“老天不长眼，她当初抛弃了相濡以沫的男朋友，应该有报应的，不承想她倒活得挺成功的。”

惠子耸耸肩膀说：“幸好我离开了他，他还在那家小公司里原地踏步，前几天还向我借钱。人生有选择的权利，为什么我就得跟那样的人在一起?”

三

所以，如何才能真正界定“势利”一词?

人人都渴望财富与地位，超然物外只是极少数人的境界。因为求而不得，所以现在产生了诸多不健康的心理，好像富人都是坏人，跟富人结交都是有不纯目的，如果你乐于结识比你财富等级、社会地位更高的人，就会给你扣上一顶“势利”的帽子。

确实，势利者大有人在。听说曾有人做过一个实验，一个陌生男人开着豪车在某大学门口一停，见到美女就随意招手邀请上车，在完全不知这名男子底细的情况下，居然有不少女学生上了车。简直令人震惊。这种对财产和地位的畸形渴望是绝对令人鄙视的。

但像惠子呢，她接近财富者并不是图对方的钱，也不是图对方的地位，而是为了学习到更优秀的生活方式，这样的动机难道也应该称为势利吗？

当然不应该。我们每个人都有接近更优秀者的权利，只有接触更好的人，才会有机会学到更重要的知识，学会更科学更有效的工作、生活方式。前段时间曾听到某个“愤青”说：“鲁迅爱国？他上日本去留学了！离开咱们国家，跑到发达的小日本去！这算什么爱国？这是势利眼！”听完这话我真是哭笑不得。无论什么动机，只要接近更先进的文化、更发达的阶层，就会被归入到势利的群体，势利二字被曲解成这样，也实在无奈。如果鲁迅先生不去日本，还会有今天的鲁迅吗？

所以我支持惠子的选择，尽自己最大所能去接触优秀的人物。不要去贪图人家的富贵和钱财，那样得不到应有的尊重，也终将沦为一个真正的势利者。我们所要求得的是他们优秀的经验和出色的品质，学为所用，我们不势利。

即使还有人不理解你，非要指着你正在向前的背影说一句“势利”，那就大胆地对他说：“势利？我想与更好的人相处，这没什么不对。”

5　吃亏是福，总吃亏就是傻

总是吃亏，不知反击，他人将不再尊重你。

一

李晓萌刚进单位，事事不懂，事事吃亏。苦活累活是她干，争功抢功没她份儿，好话表扬都得不着，批评指责均是她背锅。李晓萌时常觉得委屈，回去跟爸妈诉苦，爸妈一辈子都是老实人，对李晓萌的倾诉只有一句话："吃亏是福，女儿，将来就好了。"

"对，吃亏是福。"李晓萌也这样安慰自己。她想：自己这么努力，这么单纯，日子久了，单位的人一定会看出自己的优点和长处，一定会尊敬自己爱护自己，对吗？

答案是：不对。

李晓萌一如既往地辛苦工作，大量吃亏，却没有换来应有的尊重和待遇。如今，虽然办公室已有新人，但是打扫打水之类的脏活还是她来做，因为新人是90后，根本不肯吃那个亏。李晓萌做的时候也没有人表扬她，大家都当作是应该的，偶尔一天没有做好，大家就都说：“李晓萌怎么回事，都没有打开水，这人太不像话了！”指责她的人当中，也包括那个新人。

还有更令人苦恼的事情。项目出了问题，以前都是李晓萌背锅，她从来不解释，默默地替团队承担，如今虽然又进了几个菜鸟，但是谁也不肯背这个锅，出了问题批评还是落到李晓萌头上，大家众口一词：“就是她！”而有了好的机会，比如出国公差、留学之类的，李晓萌之前从不争，领导也从不会想到她，晚进单位的人都已经去过了，她还是没着没落的，守着办公室里坐苦板凳。

这个世界怎么了？不是说吃亏是福吗？可我吃了这么多亏，福在哪儿呢？

李晓萌恨不得要学屈原问天了。

吃亏确实有好处的，吃几次亏之后，会增长见识和经验，可以避免下一次再吃亏，也可以看透人心与世情，变得更加成熟练达。但如果只知道一味吃亏，不知道变通，不知道成长，不知道看透，静静地等着“福”砸到脚面上，那就等去吧，这辈子可能都在吃亏，“福”离你远远的呢。

所以，吃亏是福，但总吃亏，就是傻。

想清这一点，是李晓萌某次拿到了领导们碰头会的会议录音。做会议记录是个苦活，人人都不爱做，就丢到了“爱吃亏”的李晓萌这里。

这次的“亏”李晓萌吃得很成功，她听到录音当中非常重要的段落。

录音里领导们正在讨论关于年底评优级奖的问题，评优这种事情，往往是论资排辈与工作成绩、人际关系相结合的产物，无论从哪一方面来讲，李晓萌都是合格的，尤其是论资排辈方面，这么多年李晓萌从未争抢，甘于“吃亏”，所以同期同业绩的许多人都上去了，李晓萌始终“待字闺中”。今天果然有领导提出李晓萌的名字了，但其余领导似乎都愣了一下，然后给出了统一的意见：

李晓萌还是算了吧？挺不错的，真的，但是……怎么感觉她缺个心眼呢？

此外领导们还有另外一个意见：不给李晓萌评优，估计她也不会计较的，但是那个 ××× 就不行了，前段时间强烈提出来应该评她了，所以还是先考虑她吧，省得她来闹。

李晓萌惊呆了，那段录音她反复听了很久，直到听得涕泪横流。她终于明白，自己所谓的吃亏，已经不再是领导眼中的好品质，而是一种缺心眼的表现。而且，正因为她在屡次吃亏当中都没有表现出强烈的抗争意识，所以领导们也拣软柿子捏，优先考虑那些有脾气有个性的员工。

那天晚上李晓萌想了很久。然后她关掉录音，放弃了会议记录，选择了辞职。在她离职的时候，单位领导都觉得非常不可思议，似乎像她这样的人是永远不会有脾气、有变化、有选择的啊。

也许有一天，大家会怀念李晓萌在的日子，那时候办公室窗明几净，开水间里永远有充足的热水和茶包，小绿萝总是被浇灌得生机勃勃。但对于李晓萌来说，那些怀念都不足以弥补她吃亏这么久的损失，那么多的奋斗与付出，都白费了。

她傻，真的。

所以以后，她决定不再那么傻了。

如今李晓萌已经是南京某大型民营企业的高管，年薪是我等小公职人员想也不敢想的数额。我们一同吃过几次饭，她为人亲切，我也就乐于将自己刚入职场的小苦恼说给她听，她听完之后非常坚定地跟我说：“别软弱，该争就争。”当时我惊呆了，这与我常年混迹于机关的老爸所传授的经验完全不同啊，与我国温柔敦厚的礼教风气也不同啊。看我不服，李晓萌就给我讲了她的故事，真是字字血泪，我也在她的血泪中真正明白了“争”的含义。

李晓萌说：“幸好我今天成功了，不然想起那些往事，我多冤？现在想想，也挺好。成功以后再回头，再苦都不算苦了。”

二

所以，让我们好好讲讲吃亏这件事。

我们能避免吃亏吗？不可能。生活中处处都有亏等着给你吃。买东西会吃亏——有句话说“从南京到北京，买的不如卖的精”；工作会吃亏——旧人欺负新人是职场的无声潜规则；就连婚姻生活也可能会吃亏——婆婆对你提的要求再不合理，你也得给她面子不是？

所以，亏，我们吃不吃？当然要吃。

第一次走进工作岗位，如果你抱着那种“宁死都不吃亏”的想法，那受伤的是你自己。吃亏是一种成长的重要途径，别人教给你的东西，讲得再细再精也不如自己栽一个跟头体会得那么深，所以吃亏可以让我们有效地总结经验教训，在短时间内最快地成长——前提是要带着脑子吃亏。此外，吃亏也是一种自我保护的途径，作为某个领域的新人，如果你一点亏都没吃过，很容易给别人造成一种“高深莫测、心机深重”的印象，从而让别人对你大面积设防，如果适当地吃一点亏，会给旁人制造帮助你接近你的机会，拉近彼此的距离，这就是示弱的艺术了。

关于示弱这一点，诚然要多讲一些。某协和医院的生命学教授告诉我:“人是很奇怪的动物，如果所有思维活动都能像解剖这样精确就好了，可惜不可能。”确实不可能，比如有这样一种奇怪的心理：有个人的两个朋友都被抓起来了，其中朋友 A 给予过他巨大的帮助，是他永生难忘的恩人，朋友 B 则是接受过他的恩惠，视他为自己的导师。现在这两个朋友都面临生命危险，而此人只能救一个，你猜他会救谁?

从常理讲，应该救 A。因为 A 对此人有恩，现在是报恩的时候了。

但此人救了 B。在他的内心深处，接受过他帮助的人，比给予他帮助的人，更能带给他亲切感。

同理，其实吃亏也是给我们身边人一个帮助我们的机会。吃亏之后，大家会觉得你值得同情，并非不能结交的圣人，给予你帮助之后，在与你的相处当中也更容易找到合适的位置，是拉近人际关系的好方法。同时你多吃几次亏，大家也会觉得你是个实在人，并非工于心计，更愿意与你结交。

也许这才是老辈人说“吃亏是福”的真正含义。

但是老话提供的含义总是太模糊了，点到为止，后来人如果不多加思索就会陷入误解。于是有人一辈子都在执着地吃亏，觉得吃亏是福，总有一天福会到来。每次吃亏都没有带着脑子，在同样的地方栽倒一万次，福还会来吗？当然不会。

此外，吃亏是福还有一个重要的内涵：就是别计较。有时候单位发东西，某人多拿了，你少拿了，就会有人劝你“吃亏是福，算了吧”。这样的亏可以吃，因为太多的计较真的没有必要，尤其是物质上的计较。不过，并非这亏吃完就算了啊，如果某人次次都多拿你的东西，真的不能继续忍下去，那样只会给某些恶习难改的人造成“你好欺负”的假象。

总而言之，吃亏不可避免，也并非坏事。但我们要有意识地减少次数。同样的亏别吃第二次，同一个人给你的亏别吃第二次。这需要我们每吃一次亏都总结一次经验，找到不再吃亏的方法。

这样吃的亏，才真是福呢。

6　算了吧，他们不是你

——

如果觉得人际很累，放轻松。他们不是你，不会真懂你，你懂自己就好了。

一

“你听我说，我不是这样的人，真的。”

你有没有过这样的时候，特别想向别人剖白自己，特别渴望别人真正去了解你？如果有过，那很正常。如果现在还在剖白，那说明你还不成熟。

放弃掉这种想法吧，别指望任何人真正了解你，更不要刻意为了让别人了解你而做许多讨好的事情。算了吧，他们不是你。

明白这个道理，是在我进市作协的时候。我从大学时期就开始写作，那时候为了赚稿费，杂志喜欢要什么稿子，我就写什么稿子，有目的性就有动力感，所以笔耕不辍，一年就发表了几十万字，稿费也是哗啦啦地进口袋。当时我写的题材有婚恋、童话、推理、评论以及悬疑恐怖。我自认为写作题材非常广泛，却不承想，所有人的关注点都集中在一个地方：你写恐怖小说啊？

别跟我说不。你刚才读完我的写作题材时，是不是也会把目光集中在“恐怖”二字上？

于是，如下的对话经常出现：

“薇薇，你都写什么小说啊？”

“我啊，很多啊，主要看哪家杂志稿费高吧，嘿嘿，我很俗气。”

“那一般都有什么呢？”

“我写过婚恋、童话、推理、评论、悬疑、恐怖……”

“哎？你是恐怖小说作家啊？”

“呃，对的，我经常写恐怖小说，但我也写童话的。”

“哇，你写恐怖小说不会害怕吗？”

“自己写的不会害怕，别人写的我会害怕。”

“你是不是很迷信啊？你是不是很信鬼神之类的？”

“我不信。我还写童话呢，但我也不相信世上有天使和小精灵啊。”

“写恐怖小说，你是不是以前心理受过什么刺激？”

“呃，没有没有，我还写别的呢，我还写婚恋呢。”

“恐怖小说发我看看哦，我真没想到我身边有个恐怖小说家，真刺激。”

“这有什么刺激？”

“哇，恐怖小说家，你的心理肯定和别人不一样。”

这样的对话，在我的写作生涯里出现了不下十次。对话很平凡，彼此也没有什么攻击性，但明眼人能够看出来，当我表示我也写恐怖小说之后，对方立即就把我划定为恐怖小说家，然后无论我写过多么美好的童话，写过多么成熟的婚恋，写过多么费力的中学生推理小说，全都没有用。

人家就认定你是恐怖小说家！

然后，很快这人就会四处转悠，告诉别人你是恐怖小说家，从而怀着绝大多数人对恐怖故事既好奇又畏惧的心理，频繁猜测我是不是有什么心理问题。曾经还有一个同学跑到我的面前，用非常神秘的语气问："你是不是通灵者？你悄悄告诉我哦，我不会告诉别人的！"

我惊得差点晕过去。

我真挺想通灵的，那样我可能会发财比较快！

那段时间我拼命向别人解释我真不是心理变态（而且写恐怖小说跟心理变态没有什么必然联系吧？斯蒂芬·金、爱伦·坡都是心理变态吗？），但没有人相信我。我有时候会非常倔强地把我发表的童话给她们看，让她们看到我阳光的一面，那文章下面还有年幼的小读者们给我的留言和赞扬呢，真的非常正能量啊！

但是没有用，人家看完了我的童话，会评价一下"不错"，然后继续问"哎，那个恐怖小说的问题"……

下次人家会记住的还是只有一点：你写恐怖小说啊，你心理受没受过什么刺激啊？哇你都不害怕的啊！哎呀哎呀……

后来我放弃了，索性人家问我你写什么小说的时候，我就直接说：

“恐怖小说，厉害吧？”对方会说：“哇呀呀好厉害！你居然写这个……看不出来，看你挺正常的啊。”

我翻个白眼，不想再解释。

后来我给《百花悬念》《今古传奇》《女人坊》等国内知名老牌小说杂志写悬疑恐怖小说，走出了一条赚稿费的康庄大道，心里虽然有芥蒂，但也就淡然了。

直到前年我入了作协，我兴冲冲地在朋友圈晒了一下自己的作协证，然后还有一众人评论我：“哇！你写恐怖小说也可以进作协的！”

看吧，这么多年，她们记得的还是她们愿意记的事。

所以从这一天开始，我真正意识到这个问题：你就是你，做你自己就好了，如果他们能正确地认识你，那当然好啦。如果不能，也不必浪费自己的时间和精力做太多的努力，因为他们不是你。

他们看到的，永远是他们愿意看到的、经过他们主观加工过的你。

比如今天，我出了这么正能量的一本书，我身边还是会有很多人说：“就是她，恐怖小说家，专门写恐怖小说的！我看她挺正常的啊，怎么会呢！”

对此，我选择淡定一点。

二

李萍和曾经的我一样，试图做过许多徒然的努力。她以前是个演员，后来转行读文学硕士，希望能做一个真正的学者。

李萍有着女演员的美貌与气质，所以注定成为班上的“异类”。入班之后，她逐渐发现，无论做什么都会被贴上标签，而且无法挣脱。

比如李萍化妆来上课，会有人说：“演员就是不一样的，你看人家都会化了妆出门，不像咱们。”

第二天李萍素颜来上课，还是会有人说：“你看人家演员就是不一样的，化妆都像素颜似的，怪不得很多明星都敢晒素颜照呢，其实都是化了妆的。”

比如李萍上课迟到了，会有人说：“演员散漫惯了，迟到是正常。听说大牌演员在片场迟到个几十分钟都是常事。”下次李萍比别人提前来上课，还是会有人说：“演员和咱们就是不一样，来这么早是作秀吧？”

诸如此类的事情很多，吃饭的时候，吃多吃少都是和别人不一样，穿衣服露多露少还是和别人不一样，写作业写好写坏依旧和别人不一样。李萍不断地改变自己，试图让自己和大家接近一些，但无论她怎么努力，都会得到一个“人家以前是演员，和咱们不一样”的评价。

为什么这样？

因为别人看到的你，永远都是他们所希望看到的你，当他们见到你之后，会在内心深处给你一个定位，然后无论你做什么，都在朝着这个定位靠拢。

那么这种定位能改变吗？当然能。但这种改变并不完全取决于你。如果对方想要与时俱进地对待你，那么自然会根据你提供的信息不断修正对你的认识。但如果对方不想要改变对你的成见，那你就算把自己砸碎了再捏起来，也不会有新的改变。

所以，能做到的就是做好你自己，不要盲目地为了转换别人的看法而改变自己既定的生活轨迹。

李萍在痛苦的挣扎中，始终没能摆脱自己曾是演员的标签，她多想在别人眼中成为一个真正的学术人，但就是做不到。大量时间和精力被浪费在“如何让别人不会想起我是个演员，如何让别人觉得我是个学者”上，这种浪费真是可惜。

后来，李萍放弃了——不是因为淡然，而是因为真的没办法。她好好读书，写论文，参加各类学术研讨会、国际小学期，并出国交流，只做一切能够让自己变得更好的事情。现在的她，已经不再执着于原来的标签，因为已有一众有识之士自动调整了内心深处对她的看法，把她当作一个严肃的学者对待。

当然了，还是有很多人用娱乐的心情对待李萍，无论她做什么都是“演员就是不一样”。但这类人对你的看法还重要吗？

不重要，让他们在成见里继续沉迷吧，他们不是你，你只需要做好你自己。

三

“他们不是你”，这句话要表达的意思还远远不止这些。

他们不是你，所以不要妄求对方全盘理解你。同样，他们不是你，也没有必要为了取悦他们而失去自己。

我的同学梦梦在这方面是典型的失败者，而且至今也没能找回失去的东西。梦梦脾气特别好，而且乐于助人，上学的时候是大家都喜欢的类型。上班之后她还是延续一贯的行事方式，有时候别人欺负她一下，她也就忍了，为的就是让大家知道她脾气好，从而认可她。别人有困难，她会很主动地帮忙，即使这次帮助会给她本人带来很大的困扰和不便。

以为这样就会让别人欣赏你吗？

以为这样就会得到很多好朋友吗？

绝对不会。大家都对她的评价都不错，但梦梦却觉得，“大家对我都是淡淡的，没人找我做知心朋友”。梦梦问我：“这是为什么呢？其实我应该是个理想的朋友啊，我脾气好，能包容，愿意为大家服务啊。”

其实我很想告诉梦梦，虽然她真的很好，但我也从来没有把她当作真心朋友过。因为她对所有人都太好了，对所有事都太包容了，以至于我在她身上找不到成为朋友后的特殊感。

还有一件事，我更不好意思跟梦梦说。有位同学从外地到北京来，想要排队挂医院的专家号，这种号，有经验的人都知道，需要凌晨就爬起来排队，这位同学身体不适，自然胜任不了这样的重活儿，于是就打电话联系梦梦，让她帮忙。

梦梦愿意早起吗？

梦梦愿意挨着领导批评请假吗？

梦梦愿意站在熙攘人群中几个小时吗？

她当然不愿意，但她不会拒绝帮助他人，勉为其难也去了。当时我知道这个事情很不理解，问那位同学：“既然你不能自己去排队，花钱雇个人去不行吗？何必让她跑一趟？”

对此，这位同学是这么回答的：“雇人价钱可高了，还不如找她呢，反正她爱帮忙的。”

我真不愿意告诉梦梦，她费尽心力帮助别人，得到的却是对方的不重视，完全把她当作廉价甚至免费的劳动力。

没有条件地帮助别人，只会降低自己的身份，让所有人都以为你的时间和精力是不值钱的。

所以，梦梦到现在也没有真正知心的朋友，依旧奔忙在为人民服务的大路上而不自知。

“他人即地狱”？不，即使他人不是地狱，也要真切地认识到：他们不是你。一来我们没有必要强求别人全面理解自己，没有必要为了更改他人的看法强求改变自己；二来切勿以为压低身段或委曲求全就能够得到别人的好感，他们不值得你伤害你自己。

第二章

梦想：虽然没有梦想也比咸鱼强，但还是要有梦想

1 梦想，俗气却最有意义

有梦想不一定会成功；没有梦想铁定不会成功。

一

如果仔细观察，会发现身边有很多成功者。

我的某王姓高中同学，帅小伙一枚，学习成绩不怎么样，高考也没考出什么亮色，平时活泼可爱，重义气爱打球，这样的男生，在每个人的学生生涯里，随手一抓都有一大把。

但是他有一个梦想，想通过创业成为一个成功的企业家。

在创业之初，估计没有多少人会看好他，一是因为随着时代的发展、资本的集中以及商人阶层的再洗牌，白手起家创业并不像成功学图书上写得那么容易；二是他创业的方向挺“特儿”的，他想开密室逃脱。

那是在 2012 年左右，密室逃脱还只是一个刚刚起步的娱乐方式，呈现明显的两极分化。一极是“特别想爱特别爱玩”的，还有一极是“啥破玩意儿我不想玩”的，很抱歉，我是后者。

而且像我一样的人应该不在少数，所以会有很多人不理解，并抱着看热闹的情绪等着看他创业失败，然后在第一时间冲出去教育他几句“你看看，当初怎么说的？不行吧？哪有那么容易”。我虽然对这名同学不怀恶意，但却抱着四体不勤者常有的心态：哎呀妈啊，那么多钱投进去，那么多精力投进去，哎呀妈啊风险多大啊，哎呀妈啊我可不敢尝试，哎呀妈啊他可别赔了。

所以你看，就是这么一个起步于边缘行业，没有什么大背景大后台高学历多经验的男孩，一步步把密室逃脱做起来了，在我看来简直是个奇迹。

开第一家店的时候人满为患，我几次去探店都发现门口有许多排队的人充满期待、无比耐心地等着“被关起来”。

开第二家店的时候，其密室品牌在业内已经小有名气，走在写字楼下都能听到有人指着招牌说：“就是这个，要玩密室就玩他家哦，爽！”

开第三家店的时候，整体产业升级，室内重装，雇员增多，王姓同学其人也变得越来越自信，越来越健谈。硕士未毕业的我与他聊天的时候，已经略显稚嫩了。

做生意的人，大多比较外向，所以他会不断宣传自己，在某些人眼里看来就是一种炫耀。于是我就经常会听到这样的言论：“他啊，其实真的有运气。他那个人能力一般，咱们一块读书的时候……是吧？成绩啥啥都不行。我要是做啊，我也可以的。”

对此我抱之以嗤笑，我说：“嘿嘿，反正如果我做，我肯定不行。更重要的是，我根本想不到做，就已经差人一大截了。”

后来相差的就更多，王姓同学开始进京学习咖啡技艺，带着硬汉的身、抱着文艺的心跟着师傅潜心拉花，并非常勇敢地盘下了一家咖啡店，后续还想做同品牌的火锅店。娶到美女夫人之后，其夫人也受到他的感染，开始创业，并想要成为一个比他更优秀的企业家。

这就是他的故事，在此只做阐述，评论后续再加。

二

讲完男生再来讲个女生。

我的学姐，汉语言文学专业，做这行基本的出路无非就是：记者、文秘、文案、老师、公务员之类。但她却非常霸气地说：我想当检察官呢！

当个笑话听听吧，反正当时大家都是当笑话听的。汉语言文学专业，也就是传统意义上的中文系，其实是一个很靠灵性的专业，大多数人学习好并不是因为拼，而是因为灵性，时间一长，中文系的人容易养成一种“非拼搏”精神，就是你学得差不多，也可以考及格；如果你不看课外书，也可能会顺利毕业。这种气氛导致大多数人都没有想到修二专或者跨学科考研之类的。

但是她想到了，因为她想当检察官嘛。

一开始是准备跨专业考研，开始苦攻司法考试的书，还要拾起遗忘多年的英语和政治，为了让自己能够顺利地成为检察官，光考研还不行，还要考好学校的研，所以格外辛苦。大四阶段，当许多人都打扮得光鲜亮丽，开始琢磨着用阿玛尼还是圣罗兰去面试的时候，她素面朝天两点一线地刻苦。当然有人会劝——在我们的成功路上，从来不缺这样的人，他自己不会做，也劝你别做，而且告诉你做不到。很多人劝她："真的别白费那个力，你考上中文系硕士还行，如果是法律类的我劝你算了吧，一点基础都没有，还是那所大学。"

本着"欲扬先抑"的写作原则，我知道，看到这里一定有许多人等着看她逆袭然后一举考上名校研究生了。但很不幸，生活不像书上那么精彩，她没考上。

以为她会放弃吗？不，她有梦想。接下来就是再考再考再考，考试这种东西很神奇，有的人是越考越差，因为心态越来越差；还有人是越考越好，因为考试题是欺软怕硬的，你抱着必胜的决心去考，考题就放你一马了。

现在她已经是某市检察官，穿着很帅气的制服走在每座城市都会有的那种气派大院里。个头不高，但气质很好，令人羡慕不已。虽然检察官的工作并不像起初想象的那么好，特别辛苦还特别容易惹事，在寂静的夜里她未尝不想着“其实当初就坚持中文系当个语文老师也挺好”，但毕竟她实现了自己的梦想，也走出了人生更高阶段的那一步。

好，她的故事也到这里。

三

之所以讲这两个故事，都是想说一个词：梦想。

你看，提到这个词开始有人笑了，因为实在太俗气。从小学的时候老师就会专门开课问我们：有什么梦想啊？然后我们就站起来次第回答，想当科学家，想当老师，想当宇航员。这时候的梦想只是美好的愿望，我当初还想当数学家的，结果高中文理分科的时候分分钟选了文科。

梦想并不那么靠谱，也不是一成不变。那是否就证明梦想不重要呢？

不，梦想简直太重要了。

我上述故事里的两个同学，都不是我身边最优秀、最耀眼的人，但都能在属于自己的人生路上成功。许多人会不服气，会说：“就她（他）？我比她（他）强多了，真的，我只是没去做，我要是去做，那肯定……”

对于这种态度的人，我想说：“你要是去做，真可能会成功，但你就失败在你没有想去做。”

看到别人成功了，才想去模仿，往往不会顺利，因为那是别人的梦想，而不是你的。梦想只有属于自己，才有真正的威力，才有真正的指导意义。

那么一个看似俗气的梦想到底有哪些作用呢？

第一，梦想可以带给你想法。为什么是“梦想”而不是“理想”？因为毕竟具有一点“遥不可及”性，与自身及客观的条件存在着一定的冲突。所以怀揣着梦想之初，往往不知道应该怎么做，但不用害怕，只要你坚定了梦想，它会指导你下一步的做法。以我自己写作为例，经常是想到了一个特别好的小说开头，但是想了十分钟之后我就想不下去了，然后就胎死腹中了。后来遇到一个资深的编辑，他告诉我：“你傻啊，有了开始的构想就写下来了，往往就是写着写着突然间就知道后面怎么发展了，然后就贯通全文了！”后来给腾讯写剧本的时候，我就是采用了这种方法，不管三七二十一先把开头写下来，果然，一个好的开始给了你后续的力量，然后就写啊写啊一发不可收拾。同样，梦想也就是一个好的开头，即使不知道怎么开始第一步，也先把梦想坚定下来，你会发现：当你有一个执着的梦想时，后面的步骤就会浮现，机遇会一个一个来找正在不断努力的你。

第二，梦想是困难之中的麻醉剂。每个成功的人坐在台上都很光鲜，也都愿意把自己塑造得像个神似的，但是实际上，走向成功的路哪有那么简单，连马云都有拎着包挨家挨户推销的时候，连瓦格纳都有被退稿退到怀疑人生的时候。走向成功的路那么难，遇到妖魔鬼怪时，不想放弃的都不是正常人。如何让自己不放弃呢？梦想就是一剂解决痛苦的麻醉剂。如果有一个光闪闪的梦想，彼之砒霜我之蜜糖。还是以我自己为例，我上大一的时候就想当个作家（这真的是梦想，因为直到现在也只算是写手，不算是作家，入了作协也不算），但我们学校大一时期不让自带笔记本，学校网吧时常要排队而且开放时间不固定，校外网吧我又不敢去，后来好不容易发现图书馆顶层有几个供查书用的电脑可以打开 word 文档，平时用的人不多，缺点是要站着。当时我就真的带着写在纸上的大纲，跑到图书馆查书电脑前站着打字了，一站就是一下午，周围人来人往非常不安静，但就那样坚持下来了，写出了第一篇发表在《意林》原创上的小童话。现在的我想起来都觉得不可思议，但那时候有梦想撑着，就是可以做到这样。

第三，让自己和这个平凡的时代区分开。在我们这个时代，绝大多数的人都过着读书、高考、找工作、结婚生子然后送孩子继续读书高考的生活，非常稳当，也容易幸福，但却容易产生幻灭感。有一个梦想，会让你突然间觉得自己和别人不一样，会让你觉得所有的业余时间都有了更重要的去向，一切都有意义。比如一个没有梦想的人，可能下班就会看看韩剧，吃吃饭，抱着肚子躺一会儿，刷刷手机睡一觉，我有个同事甚至因为下班太茫然太无聊而因此特别想要加班。但如果你有一个梦想，下班之后你可能会继续充满干劲，不做任何浪费时间的事，一心扑到实现梦想上。退一万步讲，你只是"怀有梦想"而没想"实现梦想"，那么业余时间至少你可以和老婆拉着小手吹吹牛逼，告诉她你将来准备怎么怎么样。国外似乎做过相关的统计，有梦想有追求的家庭，婚变率要远低于平均数。

所以说到底，梦想这个词儿虽然已经被异化和俗化很多次，却依旧充满了意义，连习大大不都提出“中国梦”吗？下次看到别人成功，千万别有狐狸吃不到葡萄的思想，而要转身去看看自己：是不是也足够好，足够有才华，但只是少了一个梦想呢？

有个梦想，我们人人都可以做得更好，我们的国家也会更好。

2 相信自己是个亘古奇才

—

樱木花道说：我是个天才。然后他就真的成了天才。

一

最近重温了一次《灌篮高手》，突然发现：其实对于樱木花道来说，他不仅仅是个篮球天才，他还有无数可能性。比如，依他的身体素质可以成为橄榄球手，可以成为优秀的柔道手，反应这么快说不定能成为乒乓球手呢。

但他偏偏成了篮球手，这是为什么呢？

当然是因为赤木晴子啦。爱情是入门的动力，这个我承认，但晴子也只是他入门的动力而已，促使他走向篮球高手群体的内因除了其自身不服输的品质之外，还来自一个非常强大的心理暗示：我是个篮球天才。

遇到顺境的时候，樱木花道显摆地说："我是个天才！"

遇到逆境的时候，樱木花道还是会执着地说:“我……是个天才！”

“我是天才”,是他给自己的强烈心理暗示。他以为他是个篮球天才，所以他真的成了天才。

那是不是可以大胆猜测，如果当初赤木晴子有个柔道部的哥哥，而樱木以为自己是个柔道天才，现在很有可能也系着黑带、光着脚丫在体育馆背摔呢。

说到底，樱木不一定就是某个行业的天才，这个行业只是他内心给出的选择，这种选择就是一种强烈的心理暗示。这种暗示甚至可能是一种自恋，但就是这种盲目的自恋让他成功了，打败了那么多经验丰富、技艺娴熟的老手儿，你说这世道上哪儿说理去?

心理暗示到底有多重要?

我们身边许多实验都在一再佐证心理暗示的重要性。比如有这么一个著名的实例：把一个正攻读小学的班级随机拆分为两部分，一部分同学象征性地接受了专家的测试，并在评估时被专家暗示为：“你可能是难得一见的天才呢”；另一半则在测试之后没有任何暗示，一切随风而过。几十年之后，实验组再次对这些同学进行调查，吃惊地发现：被暗示为“天才”的那部分同学活跃在社会的各行各业，绝大部分功成名就；而未受到暗示的那部分同学，各方面指标就停留在平常水平。科学家们明白：当初被暗示为“天才”的那组同学，其实也只是普通的小孩而已，可见那句“天才”的心理暗示，对他们未来的影响有多大。相信当遇到挫折和磨难的时候，未接受暗示的小孩可能会产生自我怀疑，从而放弃，从而平庸；而接受过暗示的小孩还会记得当年科学家对自己的“点醒”，我是个天才啊，并继续站起来奋斗下去，走向成功。

还有一组关于心理暗示著名例子，具体情况大致是这样：在一个黑暗的屋子里，中央设置一个大池塘，只能通过池塘上的桥梁走到屋子的另一端。由于屋子太黑，大家都看不清桥，所以在老师的指导下，慢慢地摸着黑过桥，大家都觉得没有什么特别困难的；第二次穿越房子时，屋里打开了微光，借着微光大家吃惊地发现：刚才穿过的桥下居然还有东西，是许多张着大嘴的鳄鱼！这下子，老师再请大家过桥，大家都不肯了，有的腿软坐在地上拒绝过桥，胆子大一些的也只是沿着桥身缓慢地走过去或者爬过去；第三次实验时，房子的照明加强，而且看到更加细节的部分——原来桥下还有一层细密结实的网，隔离了人与鳄鱼，即使是不小心掉下去，也只会跌在网上，不会被鳄鱼吃掉。这下子，大家的腰杆又硬了起来，非常自信地过桥了。

从头到尾，桥没变，环境没变，鳄鱼没变，变的只有人们内心深处的想法。

而这种想法，足以左右你的行动，形成巨大的差异。

二

我有个同学，现在已是一个小明星，没有特别经典的作品，但经常活跃在一些真人秀节目上。在此隐去他的姓名，姑且称为某孙同学。我很荣幸，与这样一位明星曾同属于一个校话剧团，更荣幸的是，在某个参赛剧目里，他给我当过配角！

听起来是不是很吃惊？一个如今活跃在舞台上的明星，曾经给我这种菜鸟当过配角。这足以证明，他曾经的表演并不优秀，甚至是需要“照顾到新人情绪”才会让他上台。从基本素质上来说，孙同学个子不算高，身材不算好，相貌不算帅气，打扮不算有品位；从演艺素质来说，孙同学有个致命的问题就是普通话不好，由于家乡方言问题，这个缺陷很难克服，也由此导致他在舞台上说台词的时候精力都用在如何说好普通话上，完全没有感染力。

还记得排练的时候，他真的很努力地在克服自己的缺陷，但依旧有很多人点评说不好，甚至有人劝他离开话剧团：“你不是表演的料。”

但孙同学不这么认为，他承认自己有不足，但不相信自己不是“表演的料”。因为小的时候，城里剧团有位老艺术家曾摸着他的头说：“这孩子，天生当明星的材料啊！”

作为一个旁观者，我更愿意相信，当时老艺术家只是随口一说，或者是正在孙家吃饭，不得已要从自己的专业角度给对方的孩子一句鼓励，毕竟当时的孙同学长得并不算好看，没有童星模样，也并未在老艺术家面前一展才华，这样草率就评定一个孩子是当明星的料，客套的成分远远高于预言的成分。但是孙同学当真了啊，其时他正处于爱做梦的年纪，如果自己生来就是要当演员当明星的，这是多么令人骄傲的一件事啊！

所以，无论其他人怎么评价，他愿意努力愿意改正，但绝不放弃自己当明星的执念，他就是觉得：我应该是个表演天才，我应该是个天生的明星。

后来，他几乎放弃了本专业的钻研，把专业学习维持在能够保证考试通过并顺利毕业即可，大量业余时间孙同学用来学习表演和导演。大四那年，他跨专业考入上海戏剧学院导演系，虽然不是表演系，但真正扎进了这个圈子。

这个圈子看似风光，实际上并不好混。高手如云，帅哥大把，还有许多后台硬、门子多、张口闭口就是我爹谁谁谁的人。孙同学半路出家，个人素质又不够优秀，想要成长谈何容易。但他依旧不放弃对自我的认同，老师不认可，他就硬演；节目不带他，他就硬上。如此努力，老天也看不下去，渐渐地他的路也就开了，真的在观众面前混了个脸熟，也得到了许多观众的喜爱。

但孙同学还是不止步——这毕竟离成为明星还太远了啊。就在我成书的前几个月，人家又考到中央戏剧学院当博士去了，上节目的频率也越来越高。

到了这一步，我突然也开始怀疑自己当初对他的评价了，也许我们看走了眼？也许他真的是个表演天才？

可能吧。我想。

生活往往就是这样。天才不天才，别人都说了不算，只有你自己说了算。

三

要相信自己是个亘古未有的奇才，这会让你在奋斗的路上不在乎别人怎么说。许多人原本可以成功，却因为旁观者的无情点评而落了下风。

小时候妈妈给我讲过一个故事，一群蜗牛都在爬金字塔，都想爬到顶峰，这种大规模的“登顶”行为受到了大家的围观，几乎所有人都这样说：“你们做梦呢？蜗牛要爬到塔顶？别傻了！”在这种声音里，一只又一只的蜗牛放弃了，它们也相信自己没法做到，只有一只小蜗牛不为所动，继续攀登，并最终在众人惊诧的目光下，到达了塔顶。后来大家才知道，这只蜗牛是个聋子，它听不到大家在说什么，所以才能一直坚持下去。

蜗牛当然不会爬上塔顶，这只是父母教育小孩的一则童话，但与蜗牛类似的是，多少人都在爬人生金字塔的时候被别人活活“说下来”。从小到大，父母都教我们“走自己的路，让别人说去吧”，但其实想做到很难。

难道非要变成聋子才能阻止这种攻击吗？当然不是，相信自己是天才，就可以阻止这种声音对我们的负面影响，就像樱木花道一样，遇到别人对自己的质疑，他可以把耳朵直接捂起来，不听不听，我就是天才。有时候，我们就是需要这么一股劲儿，不断地向前，随便你说什么，反正我在努力，我相信自己一定会成功。

然后，我们就真的成功了。

3 做一个容易被“打鸡血”的人

—

容易被激励，容易行动起来，也就更容易变优秀。

一

我有个同学是花花公子，每天最发愁的问题就是：现在的世道，女人不好骗啊！对此，我真替广大女同胞们感到高兴，但同时为另外一种“不好骗”而担心。

这种“不好骗”指的不是感情，而是“进取的激情”。

李眉，女，二十六岁，青春年少，但保守性和防御性很强，平时很不容易被打动。最近几年励志类书籍很火，诸如《不要让未来的你讨厌现在的自己》《努力到无能为力，拼搏到感动自己》《我不要在庸碌中老去》等，每一本书只看标题就会让你哈欠全无，恨不得立即动手改造世界。正因如此，每当工作压力大、目标不明确的时候，单位同事几乎人手一本，一边读一边给自己打气，午休时间经常充斥着这样的声音：

“你们看，那个 ×× 以前也很不容易哦，夜里三点起来备货做生意，我们和他比还算是幸福的了，不要埋怨。”

“不行，明天我要辞职了，我要像书里这个女人一样，开创自己的事业。人家说得好——再不做就老了！”

“哎哎，帮我看这段，我觉得我和这个人很像啊，她以前也是小职员，后来是有名的同声传译，而我本科也是英语专业，我觉得我很有戏！”

“你看看人家这才是生活，以前都是白活了哦。今天晚上我要加班，你们谁也别拦我。”

“啊！我要去寻找爱情！”

我们热情地读完励志故事，配以激情澎湃的讨论，之后可以满意地倒头午睡。说句心里话，激情时说要辞职的人最后并没有辞职，说要分手的人可能也不会分手，但大家的心里都充满了干劲，再次怀着一种“天生我才必有用”“老天等我来征服”的伟大情怀投入到自己灰色而呆板的工作中去。这种短期的、有针对性的、汲取量大的阅读，我们称之为“打鸡血”。

然而李眉，就是一个特别不容易被打鸡血的人。无论书上说什么，她永远都是如下论调：

“傻吧，你们还看。都是假的。”

“写书的人说得那么对，她怎么不当国家领导人啊？”

“信那些话，你不如想想你买这本书，作者能赚多少钱。”

“我才不信，和生活完全不是一回事。”

“生活，哼，其实就是现在这样。”

当我们燃起奋斗的热情时，李眉总能用一盆冰水浇灭我们内心的小火苗，并且让你觉得怎么读怎么不对味儿。这种感觉很不好，渐渐地大家读书的时候不讨论了，生怕李眉插嘴，也生怕李眉笑话自己——“傻书呆子”。

那么，李眉为什么要说这样的话，难道她看破了一切，参透了一切吗？

其实并非如此。细细研究就会发现，李眉并不比别人成熟，但比别人更加冷漠和负能量。所有正面而积极的信息她都不愿意接受，甚至会主动站出来反对。比如年底前，领导透露大家太辛苦，政策变化可能会发点奖金，我们一群俗人听说能发钱，顿时觉得全身充满了力量，可以帮奥特曼打小怪兽了，挥舞着拳头奋勇敲打着键盘，办公室里“听取键盘声一片”。李眉呢，她“哼”了一声，声音不大不小，正好能让所有人听见，然后她幽幽地说一句：“算了吧。听说过给毛驴栓胡萝卜的故事吗？这奖金就是老板栓的胡萝卜，等着年底，能发才怪呢。”

一席话又说得大家泄了气。

到了年底，钱真的发下来了。有人怀着恶作剧的心态故意问李眉：“怎么样？胡萝卜真的吃到了哎。”李眉也依旧有话讲：“有什么可高兴的？说不定本来应该发更多，但老板克扣了你们也看不出来。我呢，才不会像你们似的，被几个钱鼓舞得卖命加班，我对这个世界啊，真是看透了。”

看吧？这就是李眉的人生观。在她的世界里一切都是灰色的，不可信的，没有希望的，用现在流行的词儿来说，就是“负能量”。负能量的人看起来很超脱，但是坦白地说：想成功，很难。

为什么呢？话题再次转回到午休读书的那个“打鸡血”群体里来。当初说要当同声传译的那个姑娘真的开始行动了，已经考完了中级口译，还要朝着更高的目标迈进。如今她已经能够利用周末接一些简单的活儿，赚来脂粉钱。更重要的是，单位前段时间与英国人博物馆合作事项，英国帅哥们来后，干脆不用请翻译，全程就是她扛鼎。作为一个多年码表格的小文员，她头一次入了大领导的眼，青眼已经加上头，好日子难道还会远吗？

另外一个感慨名人夜里三点起的姑娘，现在也已经不再迟到了，她天生爱睡懒觉，但她偷偷告诉我，每次早晨身体与床难以分离的时候，她就背一段书上的话给自己狠狠打针鸡血，道理通俗易懂：“吃得苦中苦，方为人上人。起个床算什么？”然后起床成功率真的可以高达80%。

我其实也想偷偷告诉睡懒觉姑娘，虽然自古文人相轻，但我读了这一系列的励志书之后，一边哼着“换我的话也许写得更好哦”，另一方面却也已经激情澎湃，受到了强烈鼓舞（从这个角度来说，人家的书写得真不错）。举例来说，我大二时期开始码字，迄今已经在各大杂志上发表文字近300万字了，这是一个非常好的起势，但自从上班之后我码字远没有研究生时代频繁了，身体和大脑都懈怠下来，总给自己找借口停止晚上的码字。我总说工作太忙了，人生太累，颈椎太疼了，领导批评我心里太乱了。但是看到那些成功的案例，我突然间明白：“什么都白扯，姑娘写起来！”所以我又多读了几本书，学习更科学的时间安排方法，每天早晨提前两小时起床，爬起来先写作，写累了正好收拾着上班，路上活动筋骨放松眼睛，到了单位也不会影响白天的工作。下班之后如果学有余力就再写一会儿，如果没有余力，也不会因为今天白白浪费没有收获而自怨自艾——自怨自艾往往是让我们浪费更多时间的罪魁祸首。

现在这本书，其实就是我用这种方式，和着清晨的阳光和酡红的夕阳慢慢写出来的。

还行吗？请给个赞吧！

二

说到底，除了“李眉类”人士之外，我们这些慢慢改变的姑娘都不算聪明，也算不上有天赋，但我们都有一颗上进的心，还有一种易被打鸡血的体质。看到优秀人士的案例时，我们天然有靠拢的冲动，会受到激励，会热泪盈眶，会奋起直追，会学习会模仿。也许我们无法和他们一样光芒四射，但我们可以走出自己的一条路来。

没事给自己打打“鸡血”，高呼几句“再也不能这样活，看看人家怎样活”，真的没有什么不好。

再说说李眉。在我们几个傻丫头渐渐成长的过程里，李眉原地不动。年底评职称没有她的份儿，因为她不相信做科研真的会对她的职称有帮助，她说：“都是走后门吧？现在学术腐败是最大的腐败。”然后论文也不写，论坛也不参加，课题也不认真做，到了年底什么业绩成果都没有，领导瞎了才会把职称给她。李眉也不打算发展业余爱好，有段时间我愿意教几个朋友弹古琴，几个朋友连汉服都买了，天天抖着手指头充满期待，问李眉要不要学，她说：“古琴？过时的玩意儿吧。再说了，学好了有什么用？有登台表演的机会吗？算了吧。”李眉甚至不愿多读几本书，当我们趁着各种网站打折疯狂购书的时候，她还是那个论调：“你们这些傻子，居然会相信书里写的，那都是假的，假的！”

已经没人再理她了。就算是假的吧，反正我们学并快乐着。

当今社会竞争激烈，但较之以往机会变得更多。正能量的“鸡血”到处都是，讲座啦，书籍啦，微信的小帖子啦，每一针都可能让你“嗷”一嗓子找到灵感，瞬间跳起来大彻大悟，成为一代伟人。就算不能有大成就，但取得小进步总可以吧？小时候课文不都背过吗——不积跬步，无以至千里！

而一个不容易被打鸡血的人，看似冷静成熟，实际上相当于放弃了被劝服的机会，也放弃了向优秀人士靠拢的上进心态。也许书里写的有虚假内容（有的书甚至价值观不对），也许名人讲座里有很多宣传式垃圾（有些名人就是在用讲座做广告），也许有些微信文章是在标题党赚点击量（我以前也给人写过微信文，实在没办法，标题太重要）。但请相信我，人家成功了，总有可取的地方，哪怕是学习他如何在演讲、自传里作假，也是个进步吧？诚然其中有糟粕，但多学一些没坏处，受到激励的你，往往会变成一个不一样的你。

怕就怕真的成为不吃“鸡血”那一套的人，套上坚硬的外壳，相信一切都是不能改变，甚至妄图用悲观的视角去看待身边被“打鸡血”的人。心里默默想着“都是假的都是假的”，等到有一天其他人都奋起了，还有可能不醒悟，甚至念叨着：“也是假的，我才不信他成功了呢。”

所以，想成为一个优秀的人，适当地轻信点、傻点，是必要的，多看励志类书籍，多听优秀者的讲座。过于聪明与自持是一道不可逾越的天堑，挡住了其他成功人士可能给你带来的有益信息。

社会上垃圾多，宝贝也多，要学着用一颗敞开的心，对待每一个人，每一本书，每一碗“鸡汤”，做一个容易被“打鸡血”的人，成功起来会更快也更快乐。

4 梦想要配得起自己的实力

—

清醒客观地认识自我，是拥有梦想的大前提。

今天我们要讲的是梦想，但我却想以另外一种方式举例，讲讲关于保姆的问题。

我的某远房亲戚，高知事业女性一枚，其先生也是政界要人，家境富足显赫。但是，再显赫的人也会遇到烦恼，与我们平时买菜要斤斤计较价钱一样，这样的家庭也要遇到一个常规性问题：如何选一个好保姆？

于是高知女性亦森，在选保姆的路上坎坷波折，一路跌跤，这段经历写出来不仅是个好故事，还是一部鉴保姆指南。

好戏现在开始。

保姆 A，初见就觉得有点假，因为她人前总对亦森那个两岁的孩子笑得媚眼横生。我曾偷偷问过亦森：“你不觉得这个保姆有点虚伪吗？没有人能对孩子一直笑得那么谄媚吧？”亦森叹了一口气说：“我何尝不知道？但现在保姆难找，笑的总比不笑的好，我只能期望自己遇到了一个特别爱孩子的人呗。”

事实证明，特别爱孩子的人肯定有，但绝不是这位保姆 A。某一日亦森提前下班回家，悄悄打开房门，正撞见保姆 A 一巴掌一巴掌甩在自己宝贝儿子脸上，轻重恰到好处，甩得孩子疼哭却又看不出红印子，更惊悚的是保姆 A 甩耳光时的台词：“你们怎么就那么好呢？你们怎么住那么大房子呢？我差哪儿啊？我差哪儿啊？”亦森见之悚然，立即冲上去解救孩子，保姆 A 再次笑出媚眼，声称自己是给孩子打蚊子。由于孩子脸上并没有什么实际的伤，说什么都是白扯，也很难追究，亦森只能掏钱辞退保姆 A。保姆 A 没受惩罚却拿了钱，真是恶人不得恶报。临走时保姆 A 还恨恨地多瞅了大房子几眼（那是北京四环内的大平层啊），显然还在不甘心于“我差哪儿啊”。

有了保姆 A 的经验，亦森决定无论花多大的价钱都要找一个素质优秀、通明事理的保姆，于是选中了保姆 B。保姆 B 开口就要月薪一万，这个价钱即使在首都北京也不算低了，但保姆 B 亮出来的牌子也不差：“我精通音乐和英语，就得这个价。”亦森也不含糊，心想保姆 B 这么有水平，那一万块钱也不白花，快快乐乐地迎接保姆 B 回了家。进了家门之后，保姆 B 的气宇非常轩昂，特别重的活不做，特别脏的活不碰，美其名曰："你们花了一万块钱，也不是为了请一个干脏活的老妈子，是为了给孩子做好未来的培养，对吧？"亦森居然鬼迷心窍地相信了这种话，并寄希望于饱受上一个保姆摧残的宝宝可以受到新文明的照耀。然而，半个月之后，亦森的智商就恢复过来了——保姆B说自己精通音乐，但从来不见她给孩子弹个琴什么的，连口琴也不会吹啊，她最大的音乐"天赋"就是给孩子唱"小背篓"，而且五音颇为不全，需要压低了嗓子唱才偶有风味，至于其他的歌儿，几乎不怎么会，保姆B说了："流行音乐都是不高雅的，孩子不应该学。"那你来个高雅的啊，《图兰朵》你会不会？至于英语，那就更有意思了，保姆B真的会教孩子读单词，但是读来读去就是APPLE，RED，BANANA。一本单词书，保姆B翻给孩子的永远都是头几页，后面的几乎不涉及。

原来，叫得很欢，工资要得也高，实际上却什么真才实学都没有啊！期望落空之后，亦森客客气气地送走了保姆B，亦森说："我们家不需要这么高文化水平的保姆，我们还是需要一个做饭洗衣服的。"保姆B翻了一个白眼给亦森，颇有"我怀才不遇，你们不识抬举"的意思。

保姆B走后，亦森依旧强调素质，但不再一味要求音乐英语数学全精通了的，只要是个懂事的人就行。这时候保姆C出现了，一个清秀的小媳妇，看上去温柔听话，问及会不会英语时，很实诚地回答说"只会一点点，教不了什么"，问及会不会音乐时，也老实地说："就会唱几首歌，也算不上好。以前学过竖笛。”再问及肯不肯、能不能带小孩的时候，保姆 C 明确表示：“就是来干活的嘛，哪能说不干呢？”亦森与保姆 C 相见恨晚，心想这么实在这么朴实又这么清秀看着舒服的女人上哪儿去找，当即付了半个月的工资，迎到了家里了。进了家门之后，保姆 C 果然样样都做得不错，又能陪着孩子玩，又能把家务挡下来，有时候亦森带着她出去一起买点东西，也落落大方，不像以前两个保姆，一看就农村来的，总让人觉得有点跌份儿。亦森心里希望可以让保姆 C 一直一直待下去，却不曾想，一个季度之后，有一天睡前先生对亦森说：“孩子大了吧，不用保姆了吧？”亦森白了先生一眼说：“你真逗！你不带孩子你当然不知道带孩子的不容易了，哪能少得了保姆，最近几年都不行！”先生在黑暗中沉默了一会儿，又说：“那咱们换个保姆吧，总用一个保姆，也不利于孩子接触不同的人和事。”亦森回答：“孩子接触不同的人和事，也不是通过保姆，而是通过交朋友、上幼儿园……你怎么回事？是不是对 C 有意见？她可是难得的好保姆啊，你可别这山望见那山高。”先生就不说话了。

但亦森毕竟是个聪明人，第二天睡醒就有点明白了——先生一向好说话，不会突然间诟病保姆 C 的，一定有她没有发现的问题。果然，亦森观察加追问发现了一个惊悚的事实：人家保姆 C 想要的并不是每个月的工资，而是亦森这个正宫的地位！进家门之后保姆 C 就努力表现，力图赢得男主人的好感和女主人的信任，然后趁女主人不备之时，攻占男主人这块阵地——趁着亦森不在的时候，总去钻先生的书房，有时候故意穿着吊带睡裙之类的，司马昭之心若揭。估计保姆C的想法其实很简单：我比亦森差哪儿啊？她能嫁这么有钱的男人，我也行。

其实保姆C真的比亦森差得多，先生也不会吃她那一套，但是她不懂。她真以为自己有足够的实力抢占正宫位置呢。

保姆C走后，亦森已经落下了找保姆综合征，每一个保姆她都担心会有问题，后来又找了几个，都不太如意，相处得也不算好。再后来，也就是2017年初，遇到了一个乡下来的大妈，能干活，嗓门大，照顾小孩很有一套，难得的是孩子渐渐长大会认人了，跟这个大妈也投缘，于是就留下来了。

这次留下大妈之后，亦森真是以诚相待——没有人会对一个朴实的大妈不好。家里用不掉的洗护用品都给大妈带回家，过年过节单位发的福利诸如粮油米面瓜果肉蛋等，也都分大妈一份，就像一家人似的。亦森想：我对她这么好，她还能对我不好吗？

但是，大妈拿够了东西，突然间就有了“主人翁意识”，开始干涉亦森的生活，尤其是财政生活。比如大妈的某个同乡正在推销一种很“野鸡”的理财产品，大妈就来劝亦森买，说“你们也不缺钱，试试嘛，也是帮人家一个忙，再说真的很赚的”，亦森虽然富足却也不是傻子，不可能把钱打水漂，就拒绝了。结果大妈生气很久，说亦森不信任她，还说亦森害自己在同乡面前丢了面子，同乡业绩冲不上去，都不怎么和大妈来往了。再后来，大妈开始向亦森借钱了，今天一千，明天五千，借了也不说什么时候还，亦森实在忍不住了提出要用工资抵扣，大妈更是眼睛不是眼睛鼻子不是鼻子，说如果当月工资不发就没钱吃饭了。

亦森欲哭无泪，怎么会变成这样呢？我诚心诚意养出来的怎么是个白眼狼呢？

也恰在这个时候，浙江保姆纵火案震惊全国（具体怎么个情况请大家自行百度吧），亦森看完这个新闻，吓出了一身的冷汗。原来，对保姆太好是会把她惯坏的，把她惯得以为她和你是一家人，可以分享你的财富和你的成功，你只要稍微不如她的意，她就会心生恨意，认为“你们这么有钱居然不跟我分享真是太可恶了”，然后做出报复举动。再看大妈最近总是无缘无故发火，脸色也很难看，亦森吓得和先生商量了一下，撒了一个“家里长辈要过来带孩子”这样的谎，送走了大妈。送走大妈那天，场景倒像是两军对垒，大妈理直气壮地拎走了亦森家一礼盒装的茶叶、一盒子苏式点心以及南京寄过来的盐水鸭套装，亦森也只能微笑着送大妈慢走。亦森说：“我能怎么办？我也怕她纵火啊！”

亦森的寻保姆之路可以拍成一部戏了，但生活如戏，生活在戏中的人也就苦了。

亦森的保姆为什么个个都不好呢？其实，当我们仔细分析这四个保姆之后，会发现她们有惊人的相似——她们并非不会干活，并非不能勤劳，但是她们想要的，比她们实际会做的多太多了。

保姆A，只是一个保姆而已，却妒忌女主人的生活，觉得自己哪里也不比她差，完全可以过上同样锦衣玉食的日子。殊不知亦森苦心读书、攻关科研多年才有了今天的成就，你有什么资本去妒忌？有什么资本去想“我也不差”？

保姆B，眼高手低，想要像白领一样拿高薪受尊敬，实际上单词都背不出几个，凭什么能够享受高级幼师一样的待遇呢？

保姆C，仗着自己年轻漂亮，想要拆散她人婚姻，直接插入一个已经成功、富足的家庭当富太太，却不曾想自己和亦森之间除了外表没有任何方面的优势，根本不具备竞争的实力。

保姆大妈，因为亦森对她太好而萌生了“我也是他们家的人，我应该和他们家过得一样好”的心态，与主人没能保持安全的距离感，越来越贪，想要的越来越多，最终让人无法接受。

说到底，“想要的”和“能做的”一定要匹配，否则一定没有好下场。

所以，再回归到我们“梦想”的主题上来，太多的失败都源于“不匹配”。

我们的梦想，就是我们想要的；我们的实力，就是我们能做的，梦想定立时远远高于我们的实力，那注定不会实现，还会变成别人眼里奇怪的失败者。

说到底，梦想、目标、方向的设立都要经历自我评估，想想看自己能变成什么样，自己能付出多少努力，自己具备不具备足够的天赋，这些都考虑过了，再去想自己想要做什么——目标可以高远，但绝不可以假大空。

不过，清醒客观地认识自我，真的是一件非常困难的事情，我们大家，一起努力吧。

第三章

坎坷：我们不怕坎坷，但我们要避免坎坷

1　所有的弯路都不会白走

如果正走在人生的弯路，别担心，那可能是上帝为你设下的捷径。

一

这是个真事，真的不能再真。因为太真了，所以文字有点矫情。

2008 年，小薇同学参加高考，心仪的是中文系，梦想学府在北京。高考这种“千军万马过独木桥”的活动，有时候需要多一些妥协，但小薇那时候太年轻，还不懂。她报考了国内某一流大学的中文系，还在“是否调剂”这一栏里非常霸气地写上了“否”。

为了这个“否”，后来的四年小薇经常在梦里惊醒，对着黑漆漆的天花板后悔不已。

其实，得不到并不是最难过的，难过的是明明就在你眼前却擦肩而过。小薇的分数过了那所顶级大学的最低录取线，但够不上中文系的分数，如果当初她在报名时“同意调剂”，至少可以先进校再想办法调专业。但是一个“否”字，让她的档案被提走又被踢了出来。按照高考120%的提档原则，她直接被分派到了第四志愿去。

更可怕的是，当初心高气傲的她以为自己肯定不会进第四志愿，只是觉得那栏空着不好看，所以随手填了南方的一所大学。

随手一填的几个字，成了后来四年她要待的地方。报到那天，南方天热得让人流汗又流泪，大太阳晒着晒着又突然降暴雨。北方的丫头哪里见识过这个，她望着满街夹竹桃，听着耳边以“哇”字结尾的霸气吴地方言，心里凉得发疼。

“哇！”她也想吼一声。

她走错了，她知道。她脚下的路已经偏离了人生航向。

以高出最低分数线60多分的成绩进一所大学，那种心疼很真实，却又没法跟身边同学诉说。说出来同学们会觉得你矫情——毕竟对于同校的很多人来说，能进这所211大学已经很好了，你还难过个什么劲儿？要想不挨骂，最好还是憋着吧。

于是小薇只能忍着，在这所并不喜欢的大学里咬牙品尝自己当初一时气傲付出的代价。大一那年她的成绩是第一，辅导员找她谈话，推心置腹地说：“咱们学校有规定，头一年期末考试成绩第一的同学可以提出调换专业，你看你是准备调去法学院还是商学院？”

小薇说：“我不调！”

辅导员像看傻子似的看着她。因为毕竟嘛，在南方经济快速发展的背景下，像文学这么“务虚”的专业是不被看好的，不如学法和学商来得实在。但小薇不想调，她心里有那个结——当初不就是为了坚持文学才放弃了“调剂专业”吗？现在让她改变梦想，那才不可能呢！

于是，名额被放给其他同学，那个同学激动地请她吃了个饭。而小薇也渐渐地明白：在这里较劲是没有用的，如果你觉得难过，那就改变啊。如果改不了，白白地难过没有什么大意思。

道理虽粗，但总是个道理。

她开始坚持写作，大量读书，功课不会占用她太多的精力，那就把精力投入到更火热的课外学习中去吧。很多人不理解她的行为，也不支持她考研的那股拼劲儿，毕竟在现代学生当中务实主义占有很高的地位，考个研究生不如考个好公务员更重要，但她还是咬着牙坚持下去。

终于，在四年后，她考回了北京，还考上了比原先高考志愿更好的一所学校。

走进那所位于海淀区、校区小得可怜的知名大学，她想哭，但还是咧开嘴笑了。她突然明白了一个道理：其实她并没有远离人生的航行，她只是稍稍走了点弯路，而这段弯路上，她见识到了更美的风景，踏出了更坚实的脚印。

如果当初考中了第一志愿学校，她会满于现状，不再考研，也不会进入现在这么好的大学；如果当初考中了，她也不会因为课余时间太多而开始写作，发表那么多小说，成为一个小有名气的写手；如果当初考中了，她更不会明白深造的机会多么来之不易，如此珍惜每一分每一秒拼命学习。

如果第四志愿是一个弯路，那这段弯路真的没有白走。

二

好吧，现在我承认，这个矫情故事里被我描绘得无比奋进又有点傻缺的小薇，其实就是我自己。自己写自己，又爱又恨，反而写得不好，但我保证其中的感触是最真的。归纳出来就一句话：别害怕，所有的弯路都不是白走的。

一时偏离没什么要紧，只要你转回到正确的轨道上来，这段弯路立即成为你眼前风景的坚实铺垫。怕就怕你在一条不合适的道路上迷途不返，沮丧消沉，走着走着，这条路连弯路都算不上了，只能说是歧途。

同样的情况也发生在我一个笔友身上。她现在是黑龙江作协的会员，以前走的是小太妹路线，该上大学的时候逃课过多，被清出了大学课堂，不敢告诉父母，就在小城里面乱混。这段经历对她来说绝对是弯路吧？但哪知，几年之后她幡然醒悟，白天在火锅店里切羊肉，晚上回家写小说。文笔结构乱七八糟，但绝对感人——因为写的就是她曾混迹的那个人群，写的是人群里最真实的爱与恨、痛苦与感动。极少有人写这个圈子的事，更少有人写得那么真那么疼，所以她火了。

现在她已经不再切羊肉了，在中石油一个分公司里当保洁，用她的话说："没上过大学，保洁多少算是个编内人员了，挺好。"更好的是她的小说很受欢迎，风格自成一脉，我也是她的粉丝。

交流心得的时候，她也经常说："幸好我混过一段，否则我写什么啊？写校园爱情？打死我也写不出来！"我也把我曾经的弯路也讲给她听，她回复了一个"嘲笑"的表情："你那还算弯路？你好歹上了大学，我这个才是山路十八弯呢！”

你看，只要你始终朝着对的方向努力，就算山路十八弯也能弯回来呢。

人生在世，谁能保证每一步都选对？甚至可以悲观地说，选错的概率比选对的概率大得多。但是每个选项只要存在就是合理的，它们看似张牙舞爪，像吞你入地狱的大口，实际都在某个犄角旮旯里给你留下了一条重返光明的小路。这条小路说不定更精彩、更生动、更快捷，也更能够带来成功后的满足。

正如那句话，世上没有绝对正确的选项，你只能凭借奋斗让你的选项变得正确。

三

之所以选择这个话题，之所以把自己的事拿出来讲，都是因为走在弯路上的人太多了。

太多太多的人都在说：我本不应该是这样的，我本不应该在这里，我本不应该做这个，我本来应该活成现在的样子。

这就是弯路，偏离了原本的目标，让人郁闷痛苦悔恨甚至恐惧。弯路带给我们最大的挑战就是：弯路不是绝路，让你觉得凑合着过也还行，但就是不爽快。如果不想要奋斗的话，就可能在弯路里一直一直走下去了，等到人生快走到尽头、无力挽回的时候，才转过头来对自己说：唉，我真不应该是这样的，但是老天不公，我走到弯路上去了。

这样的结局太可怕了，所以我想写出来提醒许许多多曾经走弯路或者正在走弯路的朋友们——绝路会让你奋进，弯路同样也会让你奋进，千万别觉得拐不回来了，你想要的是啥，继续去拼啊！

我，她，还有千千万万的人，都经历过各种弯路，也都能从弯路上走回来。在弯路上的时候，旁观者觉得没什么大不了，当局者才深知那种痛苦，以后走出弯路之后胜利的喜悦。

如果你现在活得很顺利，那一定要好好反省自己是不是走在正确的路上；如果你活得不顺，甚至已经确定自己正在弯路上，那也用不着自暴自弃，多一点改变自我的决心和勇气，给自己足够的心理暗示：就算是弯路，也不会白走。

对，肯定不会白走。都是经验，都是历练，都是促进，都是铺垫，甚至从某种意义上来说，都是捷径。

2　有些人，是你人生必过的坎

—

不要抱怨克星和敌人，那是你走向优秀必经的磨难。

一

生活中，常听到这样的话：

“我想换宿舍。因为我的舍友实在让人无法忍受。”

“我想换工作。因为我的领导总是在刁难我。”

“我想离开。因为我和我婆婆实在相处不下去。”

生活中我们总会遇到一些人，他们就像克星似的，横在前进的道路上。遇到就得吵，看到就要烦，以至于我们想要采取换宿舍、换工作甚至离婚这样的方法来逃避这些人。

为什么会有这些克星？逃避真的是好办法吗？

在此我想讲讲我的亲身经历。

上大学的时候，四人一个宿舍，起初大家和睦相处，但每个宿舍都或多或少有摩擦，时间一长矛盾就出现了。摩擦小的宿舍就彼此相忍，继续生活了；而摩擦大的宿舍，恐怕忍不下去，生活就要翻起波澜。

例子一：我们宿舍。

当时我们宿舍里某位Y姓美女出现了问题：一是手脚不太干净，二是生活作风略有问题。关于手脚不干净，毕竟大家都穷，她拿东西也不过就是几个苹果几个梨的问题，损失都不大；生活作风问题并非我们管辖范围内，我们并不能劝说人家洁身自好。所以这两个问题表面上看起来都好像不是问题。

但是美女的发展势头渐渐不太对了，屡次出现把情哥哥偷偷带进女生宿舍的情况，并且将宿舍钥匙也交给情哥哥保管，而其情哥哥的作风、人品特别成问题，隐患颇多。

平心而论，我们校规是严的，我们的宿管阿姨是凶的，但再严的校规也是会出现漏洞的，再凶的阿姨也有疏忽的时候。我们三个女生心下实在害怕，与美女谈判不成之后，陷入僵局。理论上说我们应该斗争，但是说句心里话，学生时代虽然意气风发，胆子却并不大。此外大家都还年轻，非常在乎同龄人的看法，也非常在乎“义气”二字。如果我们找辅导员，反映问题，会觉得自己不够“义气”，也怕其他同学知道之后，会觉得我们不团结。所以我们退缩了，任由美女继续在宿舍里作威作福，却不敢反抗。

直到宿舍里一再受到男生闯入的惊吓，加之美女看准了我们都是软柿子而愈加跋扈，大家才终于团结一致去找辅导员解决问题。

解决的方法非常简单，辅导员找当事人了解情况，当事人不承认，咬准了是陷害。然后辅导员又找附近宿舍女生了解情况，有多个“目击证人”表示看到那个男生出没。

此女搬离了宿舍，交出了钥匙，然后留下了一句“你们等着瞧”的威胁离开了。后来在另外一个宿舍，她故技重施，也没有什么好下场，这是后话不表。

其实如果这事放到现在，我一定会在初谈不成功之后，径直去找辅导员反映情况，避免出现更大的危害。但人生中的困境往往如此——过后看来都不是问题的问题，在当时却相当成问题。如今的我们非常庆幸当时敢于斗争，给以后的大学生活换回了一个相对平静的环境。

例子二，别人宿舍。

与我们出现相同情况的还有一个宿舍，也是四人间，其中一女生妒忌心较强，只要别人比自己优秀就痛苦得一发不可收拾，并伴随出现朝对方化妆品里滴辣椒水、朝水杯里滴化妆水之类非常无良的举动。宿舍其中一个女生恰好是我的好朋友，有时候她自己回宿舍，发现只有那个变态女生在，就害怕得不敢回去，跑到我们宿舍来坐坐。

“我真想退学算了，怎么遇到这样的人！”我朋友抹着泪哭道。

但是她和其他几名同学都没有想到反抗，而是默默地忍耐着，直到毕业。这期间的痛苦，相信每个经过大学生活的人都能够想象到。

我们都遇到了宿舍克星。在上学的美好时代，青春期让某些人的锋芒露出了毒芽，从而伤害到了我们。有些人克服了——比如我们三个原本很怂的姑娘，终于在压迫中奋起反抗，从而保住了大学下半段时光的美好；还有些人没有克服，不断地想要逃避，在抱怨中痛苦——比如我的这个朋友，宿舍三人都被一个偏执狂折磨得无活正常生活，学习一落千丈，毕业后落荒而逃。

每个人遇到恶舍友的可能性都不小，如果遇到了，害怕、郁闷、怨天尤人、选择逃避都没有用，只有迎上去解决问题，才是唯一的办法。

生活中，会有很鸡汤的人说：“你不要抱怨啊，要谢谢你的敌人，她赐给你坚强。”

我只想说：“说这话的人请你少说一点吧。”

诚然，这句话的初衷是好的，为的是让我们不要过于怨恨人生和人生中不可避免的敌人，并在斗争中学会更加坚强。但我想说，这话带给我们当代年轻人的往往是一种负面的影响，就好像除了忍耐我们什么都做不了。

其实，忍耐不是最好的解决方法。

其实，如果开始解决问题了，我们什么都能做得很好。

二

说完了舍友，再来谈谈领导——这也是人生一大坎儿。

初入社会，很少有人会觉得自己遇到了特别合适的领导。

有人说：“我的领导水平太低，远不如我，凭什么领导我？”

有人说：“我的领导对我不够重视，看不到我的发光点。”

有人说:“我们领导就是太看到我的发光点了,专门挑我干重活累活,把我折磨得受不了。”

总而言之,言而总之,大部分口中的领导都是一些不可理喻的人,简直想不通这些人怎么走上领导岗位的。实际上,你真的懂你的领导吗?

我有个好朋友,毕业后到了体制内,领导特别难相处。领导离异,脾气不是特别好,为人也相对严苛,像我同学这样活泼一些的美少女,是最不容易得到领导好脸色的。几次斗争下来,朋友受不了了,哭着对我说:“我真应该换工作了,因为我受不了我的领导。”

“换工作?你可是好不容易考上的北京公务员啊,真的舍得放弃吗?”

朋友沉默了。她当然也不舍得,但是就因为那个躲不开又斗不过的“人”,在她的生活里成了一道郁闷的“坎儿”,所以哪怕是好工作也不想要了。

一年之后,再次和这个朋友吃饭,人变得容光焕发,活力四射。我有点担忧地说:“你不是真的换工作了吧?”

“没有。还是原来那个,那可是公务员体制内啊,我好不容易考上的。”

“那你们单位换领导了?”

“也没有,还是原来那个,离婚的那个大姐。”

“那……”

朋友放下筷子,很认真地说:“一开始真是受不了了,觉得世界对我特别不公平,怎么把这样一个人放在我的面前。可是后来发生了一件事,我发现……我们领导真的挺好的。”

朋友发生的事说起来大致是这样的：有一次饭局（私人饭局哈，咱们现在可是八项规定），但是有一个男同事参与了，这人很老资格，平时喜欢对女同事开开黄玩笑之类，那天多喝了点酒就对我这个朋友动手动脚的。大家都看出来了，但没有人愿意为了新来的女同事而得罪多年的老同事，所以没有人说句公道话。这时候她那个离异多年的女领导站出来了，一把扯开了男同事，一顿劈头盖脸的教训，把人家酒都给吓醒了。

朋友说："从那之后我发现，她的严格并非只是针对我，她对这个世界的标准就是严格的。她是个特别有正义感的人，看到不平事就会直说，有人委屈了也一定会仗义执言，我觉得跟着这样的领导再苦再累都特别爽。"

你看，如果不出那件不光彩的事儿，也许朋友还在人生这道坎儿前郁闷着呢。可是现在，人家已经和领导搭档得风生水起了。

每个人都有个"坏"领导，真的，几乎没有人觉得自己的领导是个好人、完人。但领导是你人生所必然遇到的一个人际关系环节，抱怨真的没有什么用，学着接受和理解才是最好的途径。

三

举完了两个例子，回到了我们这一章的中心：有些人是你人生必过的坎儿，是你走向优秀必经的路。

当你遇到让你特别不顺的那个人时，要分几步好好想一想。

第一，是不是别人也会遇到？比如坏舍友，比如凶领导，比如恶婆婆，比如奇葩的邻居，等等。其实每个人都会遇到的，倒霉蛋儿不止你一个，为什么要一味抱怨然后逃避人生呢？遇到坏物业，维权是第一位的，退房子可不是第一位的；遇到恶婆婆，讲理是第一位的，离婚可不是第一位的；遇到怪同事，搞好自己的工作是第一位的，辞职可不是第一位的。逃避永远都不是最好的解决办法，逃掉了这一个，人生中还会遇到下一个，真的，生活就是这样无理取闹，别人都能忍，为什么你不能？

第二，遇到了怎么解决？遇到坎儿的时候，要分几种情况讨论，一是确实对方不对，那就斗争呗，比如我们找辅导员换舍友，就是一种非常简单的斗争方法。生活和工作太复杂，这种方法显然不能复制，但至少告诉我们一定有解决的方法，遇到那个你很讨厌的人，你就每天盯着他的脸思考五分钟，总有一天能想出办法来。二是双方其实都有不对或者都挺对。比如我朋友的领导，并不是什么坏人，只是双方不合适，有误会，那就想办法解决呗，找到可以沟通的点，很快也许你会发现这人根本不是你的“坎儿”，而是你的“福”。当然还有第三种情况，就比较令人沮丧了——你发现是对方不对，解决不了，也和解不成，那我也不赞成一味逃避，可以先忍耐一段时间。时间是解决一切的良药，也许过了一段时间，就会柳暗花明出现新的转机，让你可以在不逃避、不损失的情况下，解决现在的人际问题。

总而言之，我们的生活真的不会太顺，不如意者十之八九，怀着太过于美好的梦想走进生活的熔炉是极度不可取的。我们所能做到的就是，当遇到那些我们见所未见的人时，能够端正自己的心态，告诉自己“这是人生必过的坎儿，过去了，我就优秀了”，然后朝着自己的目标，坚定地走下去。

放心吧，这些坎儿不会是人生路的主旋律。

3　借口，是最大的敌人

优秀者都不找借口，失败者借口多得可以写本书。

一

“其实我也行，但没想到……所以没办成。”

“这些我都知道我都懂，但你不知道当时的情况，客观确实不允许。”

“差一点，真的，不怪我，就是因为……所以才这样。”

如上的句子，是不是听过很多？是不是自己也说过很多？

在江苏省公文写作协会常务理事谢孝龙老师的课上，有个例子给我留下非常深刻的印象。谢老师说：“有些同学不会写东西，说他几句呢，又不愿意听，还要反驳说‘我是个有内秀的人。内心世界非常丰富，但就像茶壶里的饺子——有嘴儿倒不出。写作方法我也都懂，只是不会表达而已。’”

一众同学都点头，可见持这种想法和说法的人不少。但是谢老师当场就否定了，他说："胡说！茶壶有嘴倒不出饺子，往往是因为壶里根本没有饺子！如果你真有'饺子'，至少也能倒出点饺子皮儿和饺子汤吧？皮儿和汤在哪儿？我怎么一点也没看出来！"

当时同学们一起大笑，笑过之后却又沉默了，这话真的很尖锐，一下子就刺穿了我们虚伪的外衣——为自己的无能找借口。

很少有人愿意承认"自己不行，能力不够，态度不好，努力不足"。大部分情况下，我们更乐于接受的是客观条件的不允许，比如谁谁不支持，环境不够合适，机会就差一点点，还有老天实在不给面子。

以上学时的经典借口为例：考试没考好，找个借口说因为那天拉肚子了。这条借口几乎人人都想过，也有很多人做过。观照这个"拉肚子"的借口，短短一句话给了我们双重的满意，一是在他人面前不"跌份儿"，还能保持着得意扬扬的状态和看似高深莫测的实力；二是让我们内心得到了平复，不会谴责自己为什么做得不好。

也就是说，借口是一种减轻痛苦的缓冲，就像毒品似的。本来全身上下都难受，但一吃"借口"，顿时身体与灵魂都得到了放松，于是下一次还会继续使用借口这味药，一次一次又一次，用得越来越顺手，越来越频繁。

也许会有人问：把借口比作毒品，这样不太恰当吧？大家没事找个借口其实是正常的，哪有那么大危害？

我想说，有的。

危害真的很大。

二

写手粉蝶身上看到的，就是这样一个被“毒死”的例子。

当初我刚入写作这一行，第一家投稿杂志是《意林·小小姐》，这是《意林》杂志旗下一个原创杂志。本来《意林》杂志社的门槛相当高，但由于“小小姐”系列创刊不久，针对此类型的写手群体还不成熟，所以编辑们都乐于拿出大量的时间和精力训练新手。我可以说是非常幸运地赶上了这班车，第一次投稿就得到了认可，发表了《冬日钢琴祭》，还成为当时主编的重点培养对象。

与我同时被培养的还有一个叫粉蝶的姑娘（化名，当时很多人知道她，不好意思用她的真笔名）。平心而论，粉蝶比我有能力，她已经做写手很久了，不仅熟知“抓人”写作的技巧，还积累了一定量的读者。但是，一起写作投稿之后，我连发了好几篇，粉蝶却一篇也没有过。

那时候，我还年少无知不会说话，居然真诚地问：“粉蝶姐，你咋还没过稿？”

粉蝶的回复有如下几种：

“可能是我投的时间不对吧，应该截稿日之前投，那时候过稿容易一些。”

“我跟编辑争论过，我估计她会多少记恨一点，人嘛，私心可以理解。”

“我之前写悬疑的，也许我的写作背景会有一定影响吧，毕竟《小小姐》是一个青少年刊物，编辑可能有这方面的考虑。”

这些话我全都信了，并觉得上天对粉蝶真是不公平，怎么会有这么多客观条件阻碍她。粉蝶坚持了一段时间终于放弃了，不再写这本刊物了。

直到几年之后，我和此刊某编辑足够熟悉之后，无意中聊起了粉蝶。我说："粉蝶其实蛮不容易的哦，没有我这么幸运了，很多客观条件都没有满足。"编辑沉默了一会儿，似乎在评估跟我说真话的代价，最后她还是决定一吐为快："我可能和粉蝶有过争吵吧，这是常事，我不太记得了。但是，即使争吵过，也不会影响她过稿的。毕竟每个写手过稿之后我都有编务费可以拿的，你过稿她过稿都一样，我没有必要和钱过不去，对吧？另外，她以前写悬疑鬼故事并不会影响她再投稿我家啊，这完全没有关系啊。而且关于她写悬疑的事我是今天第一次知道，之前从来没看过。你想啊，我负责的写手这么多，挨个查写作背景谁受得了？"

我不知道相信谁更好，所以采取不发言的模式，并暗暗担心自己是不是说错话了。

再后来，我看到了粉蝶当年投给杂志的草稿，然后我惊呆了，我选择还是相信编辑的话。因为粉蝶真的写得不怎么样，真的。至少对这本杂志来说，应该是一审过不了。

我终于明白了粉蝶当年无法过稿的原因：不是编辑因素、截稿日因素和写作背景因素，原因只有一个，就是写得不够好。

但粉蝶不愿意面对这个，她以自己的文字自恃，没有意识到对于一个新的杂志来说，每一个写手都要从零做起，努力学习，才能真正把握住杂志的风格。粉蝶给自己找了无数个理由，理由充足得把她自己都说服了，然后她退出了这个圈子。

前段时间我申请加入作协时无意中又与粉蝶聊起来了，她似乎已经好久不写了，也没有什么文字面市。我问她为什么不写杂志了，她说现在纸媒死得这么厉害，不想投入到这种夕阳产业里。我又问她为什么不写网络小说，她说自己现在工作了达不到那种日更量，何必白白地投入精力到这种门槛低的文学里。我又问她为什么不写书投给出版社，她说出书没有什么意思，现在没有人再买书看了。

反正全是借口，说服自己不再努力下去，说服自己把灵气全都湮没掉。

然后就这样了，我再没有与粉蝶联系。但我知道借口这一可怕的敌人已经击败了她。

如果当年，几次没过稿之后粉蝶能够调整一下，努力一下，再进一步，也许一切都不一样了吧。

三

如果说，像粉蝶那样找借口主要是为了给自己心灵上的安慰，那么另外一种借口，就是针对他人的杀伤性武器了。

以我自己为例，当初考研选择了中国人民大学。不知道为什么，很多人对这个学校偏见极重，一方面承认它是国内一流大学，另一方面却又格外强调它的红色背景，认为来这个学校读书的非富即贵，老百姓一般都不要想。

所以在我考研之前，本来压力就很大了，却有很多人跟我说：“别去考了，你有后台吗？没有后台何必去当分母呢？你不知道人民大学是什么地方吗？都是当官家子弟上的学校。”

这种语言攻击很厉害。有个同学本来说好了和我一起考人民大学的，听了太多这样的话，最后放弃了。她说：“不是我不想努力，而是我已经看到这个黑暗的事实了，我觉得没有必要和整个社会的潜规则过不去。”

这个事件的高潮是：她没考，我考了，然后我考上了，我可没有后台。

这个事件的后续是：她根本没参加考试，但居然在论坛上传播了“考试有黑幕”的谣言。她口口声声说自己去参加人民大学的考试了，顺利进展到面试环节，面试的时候对方问她家世出身之类，她都如实回答，没有一个光明的爹和一个有钱的娘，然后人民大学就没有录取她。全程一个专业问题都没有问到，她说这场考试非常不公平，大家都不要费心费力去报考了。

没错，就是这样的，当时我看到此帖时惊呆了。更令我震惊的是，帖子下面呼声一片，好多自称考过人民大学的人说有同感，好多想要报考并持观望心态的同学纷纷表示不考了。

那时候对网络谣言的控制似乎还不是很好，这样的言论可以不负责任地出现。而我作为一个刚刚考入此大学的草根，真的可以比网帖更负责任地说一句：面试不是这样的，真的问了专业题，题目是我们抽签抽中的，我抽到的很难，我答得战战兢兢。至于我爹是干啥的我娘是干啥的，没有一个面试老师关心，爱干啥干啥！

这明明才是真相啊。

还有一个极端的例子，也发生在我身边。当时正在报考博物馆系统的工作，某校博士考试失利了，而我进了第二轮面试。此博士皱紧眉头对我说："真的，你要小心，这个系统……嗯，太复杂。"

"真的吗？"还没进入社会的我，简直像个傻宝宝，我能够猜想到当时自己瞪着两只大眼睛的表情，真羞耻。

"真的。你知道我为什么没有进入面试吗？其实我早就预料到了这种结果，因为我看到了主办方的名单了。里面有个阅卷专业叫 ×× 你记得吗？他和我的导师长期不合，无论是学术上还是处事方式上，都掐了很多年，而我作为导师的学生，肯定是不会被他通过的，我考得再好，他也会阻止我进入这个系统，为的就是削弱我导师的势力。但我还是坚持考了，就是为了让他看到，我们是有气节的。"

简直……像一部电视剧。当时的我居然将信将疑了！

但是现在，我就在文化系统工作，接触到了很多著名的专家，我发现专家就像是《西游记》里的孙悟空，也许会闹脾气，也许会有个性，但他们个个都很忙很努力，一心想通过选拔几个优秀人才来帮自己干活，哪有空"宫斗"。即使与某人导师有仇，也不会记得某导师名下的某弟子，更不会费尽心力使这种绊子，因为太忙了，大家没空做这个，更不屑于做这个。

许多人都是这样，在困难面前自己放弃了，然后就找了一个怪异的借口来安慰自己，还说服别人。他们说："社会黑暗，人心不古。"这

个借口真的很有用，会引起一大批人的共鸣，

但是引用一句当下流行的话来说：你的良心不会痛吗？

四

造一个谣言，或找一个牵强的客观理由，作为自己放弃的借口，或麻痹自己，或吓退他人，以此得到安慰，真的很羞耻。

但是，再羞耻也大有人为。许多人选拔失利后，都特别喜欢找一系列的理由做借口，不信你仔细观察身边的人——尤其是年轻人，借口简直可以写成一本书了。

考试没考好：我昨晚没睡好，而没睡好的原因是昨晚楼下小夫妻吵架了。

面试没面好：我现场拉肚子，拉肚子的原因是我舍友非逼着我吃了好多个杧果，而我杧果不耐受。

英语考试没有过：当时我听听力的时候突然外面鞭炮响，啥也没有听见，鞭炮响完了，听力也播完了。

参加海选没成功：面试官老师好像跟我八字相克。

其实，这些借口都无伤大雅，尤其考试没考好那种，几乎我们每个人小时候都用过，包括我在内。有的是为了躲避爸妈的“棒子炖肉”，有的是为了给自己一个学期的付出未得回报找一个安慰。

这种借口真的无所谓，不是不能找，关键是找过之后，能否还能回

归到客观的条件下，对此次失败进行正确的定位和评估。比如没考好，别人问起来你说是拉肚子了，得到了他人的同情，但你自己千万不能顺势相信自己的低分是因为拉肚子，而是应该关起门来认真反省自己：真的拉肚子了吗？没有吧。即使真的拉肚子了，那么如果不拉肚子，就能考高分吗？是不是最根本的原因还是没努力？

所以，整整一篇文，我举了那么多负面例子，就是为了告诉大家两件事：

第一，找借口真的不好。

第二，如果非得找借口不可，那千万别把自己骗进去了。

借口本身并没有那么罪恶，但如果把它当作令自己懈怠的毒品，那借口就会慢慢成长为一个恐怖的敌人，把你的未来和你的梦想，全都杀死在前进的路上。

那时候，你甚至不会觉得痛苦，因为会习惯性地给自己再找一个借口，比如“平淡是真”“人生就这样”“大家都如此”，然后平淡地接受它。

这，真的很可怕。

4　千万别掐自己的脖子

—

行动之前，先告诉自己“我不行”，然后就真的不行了。

一

校话剧团发生了这么一件小事。

有个剧组来选演员，本来就是选路人甲乙丙丁之类，谁演都行。没想到，剧组原先定好的一个专业女演员谈条件不能来了。导演是个急脾气，最讨厌那种牌子不大却已经开始“耍腕儿”的演员，于是干脆不等了，指着话剧团的一个演甲乙丙丁、相貌颇秀气的小姑娘说：“我看你行，挺灵巧，你来吧。”

那姑娘就是梓萌。梓萌其人，在校话剧团里小有名气，长得也上镜，导演选中她充分印证了慧眼识金这句话。被导演指出来的时候，梓萌在一众女生妒忌的目光里，涨红着脸点了头，心里像装了一万头小鹿似的，奔腾啊奔腾。

消息很快就传遍了宿舍，接着是隔壁宿舍，继而是整个女生宿舍。当天晚上好多熟悉和不熟悉的女生都穿着睡衣挤进梓萌的房间，再三问她被选中的细节。女生们的心思都很复杂，嘴里说着“好棒啊”“这是你应得的”，实际上深层的潜台词已经冒出小刺刺，最多的刺刺就是质疑：“你行吗？”

是的，梓萌行吗？

梓萌虽然演过几部话剧，但毕竟都是在校园里，对戏的都是同学，大家的演技都高不到哪儿去，万一演得不好也一笑了之，彼此图个乐呵呗。更何况，话剧和电视剧完全不是一个概念，话剧只有一面脸对着观众，距离远，细节表现少，因此表演要夸张，动作幅度要大。可电视剧就不同了，表演的舞台不再是小小的校园，对戏的演员都是科班出身，更重要的是：那些镜头聚焦她的时候，她能够演好吗？能逼真吗？能细腻吗？自己的脸能耐看吗？

梓萌越想越忐忑，其实已经预见到了自己在舞台上出丑的样子。虽然她的脸还是笑着的，嘴上还是谦虚的，心却像打翻了五味瓶似的。

同学们说：“梓萌，你这次要是演好了，以后就一飞冲天了。”

而梓萌的心声是：如果演不好呢？镜头下一切都会被放大，话剧团的人就会把我笑话死。

同学们说：“梓萌，你那场戏在学校取景吧？到时候我们去看你，给你加油。”

而梓萌的心声是：我的天啊，大家围观我，如果演不好简直再也抬不起头来。现在，我在话剧团好歹是一枝花，说起来人人都服我，但万一在镜头前露了怯，以后大家都会想起我出丑的样子，谁还能服我啊！

突然间，梓萌站了起来说：“我身体不太舒服，想先休息了，你们都回去吧。”

其他女生吓了一跳，愣了一会儿才心不甘情不愿地散去，出门的时候依稀听到有人说：“还没当上名演员呢，架子就大起来了。”

现在梓萌只想哭一场。

那天晚上梓萌没睡好，她满脑子都是最坏的打算，各种丑态在梦里百出，折磨得她无法安静。第二天起床，已经是一双大熊猫眼，这样子还怎么上镜？

梓萌心慌意乱地到了剧组，已经是一片热火朝天的样子，剧组每个人的表情都没有想象中的和善——诚然，剧组生活就是这样的，人人赶进度，抓细节，肝火旺，利益相关，和学校里完全不一样。

压抑感油然而生，而且越生越大。

正当执行导演让梓萌去化妆的时候，她终于鼓起勇气，上前一步说：“对不起……我觉得我不行。要不换个人吧？”

其实，梓萌心底有另一种期望。她希望执行导演会给她打气，希望执行导演会说：“小妹妹，你别害怕，第一次上镜都是这样的。但你是特别有灵气的人，我们导演不会看错，我相信你可以演得很好”。

毕竟电视上不都是这样演的吗？在你自信不足的时候，会有一双坚定的大手扶你起来。如果执行导演这样说了，那么梓萌就真的不怕了，她相当于有了这句话当定心丸，演得不好也可以说“执行导演都讲，人人第一次上镜都紧张的”，演得再不好，她甚至可以说“我明明说我不行的，他们非看好我，真讨厌啊”。

然而生活不是电视剧，不会一再把宝贵的机会重播。

听完了梓萌的话，执行导演只是半眯着眼睛扫了她两秒钟，然后一点头，指着旁边另外一个姑娘说：“哎，你也是A大的吧？你行不行？”

另外一个姑娘叫晓钰，也是话剧团的，今天是来演路人甲，衣服都换好了。被导演这么一指，全身一个激灵，跳起来说：“行！”

这么干脆。

一分钟不到，梓萌被换掉了。没想到人家连挽留她一下下的意思都没有，瞬间就切入正常的工作状态了。整个剧组再没有人注意到这一小段波澜。

晓钰被拉去化妆，然后上镜，然后一切都顺利得出乎梓萌的想象：什么女三号啊，演起来简单得不得了，台词多表情少，这样的角色最讨好，看不出演技的缺陷来。更重要的，原来电视剧比话剧更好演，演话剧的一旦上了台，就不能错了重演，但电视剧可以NG啊，可以一遍一遍来，直到最满意啊！电视剧还有柔光，打出来脸比以前更好看啊！

梓萌变成了街角喝咖啡的路人甲，看着晓钰出现在轨道上和镜头前，她的肠子都快要悔青了，真的！

那次晓钰演得蛮不错，再加上在剧组里腿脚勤快嘴又甜，很快就给执行导演们留下了印象。再后来，不知道有什么机缘巧合，晓钰真的做起了这一行，她长得虽然不如梓萌漂亮，但自有一番特色，如今已经是国内一个三线小女星，未来还有发展的潜力。考虑到隐私问题，就不说是谁了。

至于梓萌，毕业后当了小学语文老师——和大多数中文系女生一样。梓萌过得很不快乐，并非教师这个职业不伟大，而是梓萌梦想不是当教师。现在的梓萌早起晚归，白天吃粉笔灰，晚上对着作业本发呆，时时想象自己在镁光灯下扮演着不同角色的亮彩生活。而想象是不能代替现实的，渐渐地，她荒废了曾有的梦想和如花的美貌。

二

这是我身边发生的真事，一件特别令人惋惜的、带有一定想象成分的真事。

以前我也在话剧团，获得过江苏省大学生戏剧节最佳表演奖，还曾经在无锡教育电视台主持过节目，但因为脸型太方，上镜几次人家就把我刷下来了，后来也去参选无锡有档《阿福说事》节目的女主演，同样因为脸太方，人家一看我的脸，都没让我说话，就已经请我离开了。

自暴脸型不合适的短处，就是为了告诉大家，梓萌是我多么羡慕而又多么惋惜的一个人，那么好的条件，那么想要成为明星的渴望，以及那么举手可得的机会，回头想想真令人心疼。虽然上述故事里，她的心路历程都是我脑补，但我相信事实与这段脑补不会有太大的出入。

在梦想的路上，梓萌是自己掐住自己脖子的人，而且一掐即死。

生活中很多人都是这样，平生积蓄了很多力量，幸运地拥有了与生俱来的天赋，也有远大的抱负和深厚的底蕴，但当机会真的降临时，造成障碍的并不是对手，也不是客观条件，而是自己。自己先掐住自己的脖子，痛苦，纠结，无法呼吸，最后死亡。死亡之后，双手还染着扼杀自己梦想的鲜血。

这又是为什么呢？

原因在于胆怯。

太重视某个机会，反而会心生畏惧。所谓“近乡情更怯”就是这样的道理。太怕自己做不好，太怕做砸之后机会不再来，太怕身边的人对自己失望，“怕”是鼓动自己掐脖子的最大动因。

有些人明明要上考场了，却因为太怕自己考不上而丢人，干脆就不考了。

有些人明明接到了一个重要项目，却怕做砸了从此在团队里抬不起头，就放弃了。

有些人明明已经得到了心爱的人的暗示，却又怕“如果我太主动了她会不会看轻我，哎呀妈啊还是算了吧，我根本配不上”，于是与爱人终身错过了。

有些人……

这样的人太多了，例子都举不完。

实际上，这种“怕”完全是虚的，不是别人强加给你的，都只是自己吓自己的。如果能够克服，在脑海里转过一个弯——就算不行能咋的？那么一切都可能迎刃而解，甚至试过之后发现根本没有那么可怕。可惜的是，太多的人死在这个转角上，不敢试，放弃试。

等待开始，是一件特别揪心的事，等着等着心就虚了，腿就软了，人就怯了，生活就走轨了，自己的脖子就被自己掐住了。

而那些熬过了等待期、走向成功的优秀者，就是不怕等待，克服了腿软心虚，相信自己（甚至有可能是盲目自信），保持不掐自己的脖子的状态，然后一直“活下去”。

朋友啊，对着梦想深呼吸是那么重要，你怎么舍得掐住自己的命脉？

最后我想说，在夜深人静的时候，不知道如今梓萌会不会想起那个早晨，那个她掐死自己梦想的早晨。

只希望，没有更多的人去重复这个绝望的动作。

5 林子这么大，没有坏鸟才怪呢

世界太大，坏人一定有，因此而失去信心和诚意，那是你自己的幼稚。

一

我曾遇到过这么一个人。

挺帅气的男人，三十出头的年纪，看起来有点郁闷，坐下之后喜欢点上一支烟，若有所思。作为一个文科生，我特别讨厌自带文艺气质的男人，所以对他格外挑剔，这一挑剔就发现，他特别愤世嫉俗。

比如他看到两个人合伙做生意，就会夹上烟幽幽地说一句："与金钱有关，就是友谊的尽头。"

比如看到两个人互相邀请去家里玩，他会冷笑一声说："拆穿虚伪的面具，背后都是推脱以及'你可千万别来'的真实想法。"

我的嘴角忍不住要撇起来了。但文艺男也很聪明，看出了我对他的不满意，他说：“别怪我，其实谁没有一颗真诚热情的心呢？每个人曾经都有。但是后来我遇到了一个人，他打破了我对这个世界所有美好的想象，让我再也不相信友情，不相信善良，不相信这个世界真的有爱。”

瞅瞅，这腔调，我喝下去的二两茶要吐了。

文艺男用三支烟的时间讲完了他和“那个人”的故事。其实故事很老套，无非就是两人从小是好朋友，一起上了大学，本来还想继续好下去，谁知那男生一伸手抢了他的女朋友。后来文艺男想要竞选一个什么干部，身为学生会主席的好朋友也没有极力保举，再后来毕业了，文艺男想投资一个刊物没有钱，好友没有借，还讽刺他肯定办不好。文艺男受伤了，与好友再不联系。

最后文艺男给自己的人生定了一个调，他说：“我曾经也许可以有玫瑰色的生活，灿烂得好像凡·高的画作。但是上天让我遇到了这样一个人，我还能灿烂得起来吗？”

暴脾气如我，很不客气地放下了手里的茶杯，并掏出了一百块压在杯子下面——我不敢让他请客，万一我不埋单的行为影响了他的人生观，让他从此不再灿烂了怎么办？

我说：“大哥，首先我想说凡·高不喜欢用玫瑰色，此外，这个世界林子大了什么鸟都有，为了一只鸟你就觉得全林子都没有好鸟，那是你脑子有毛病。”

然后在他“孺子不可教”的眼神里，我匆匆离开了。

出了茶店大门，我就打电话给同学："你给我介绍的这什么人啊？怎么合作啊？我可不敢把他介绍给我朋友！"

是这样，我有个朋友叫美荞，想做个影视工作室，在看起来特别容易赚钱的影视界分一杯羹。一听说有钱赚，我已经磨刀霍霍，愿意全力配合。但是光凭我们这么几根葱是不够的，总得找些外援——上文提到的这文艺青年就是我出去找的外援。

当天我跟美荞反馈，我说这个人不行，但一个多月后，事情却朝着我觉得特别不可思议的方向发展了。有一天美荞又跟我提起了文艺男，言语里颇有对他的景仰："他这个人真的……很让人惊喜啊！"

我惊问："不会吧……我不喜欢人生观那么纠结的人。"

"你要理解他啊，因为你从小顺风顺水，你没有过他那样的生活经历，真的。他真的很苦，遇到了很多很坏的人，所以他才会充满戒备心，我觉得这都是很正常的。"美荞真诚地对我说。

我脑子里突然闪过了特别不好的画面，我说："他是不是跟你讲……他以前对爱情非常认真，但是后来遇到了一个不好的女人，为了一点钱就跟哥们儿跑了，从此以后他再也不相信爱情了。"

"你怎么知道？"美荞的眼睛闪闪发光。

而我则一屁股坐倒在椅子上说："姑娘你中招了！"

真的，我觉得美荞真的中招了，而且中了一个特别猥琐而低价的招数。身边有许多男人，号称自己曾经是纯情少男，愿意为了爱情献出生命，但就是因为遇到了特别不地道的女孩，爱情观崩塌了，从此以后"不会再爱了”“我真的不知道怎样爱你，不知道怎样对你负责”。

眼熟吧？经常遇到吗？自己或者朋友在这种人身上栽过吧？

其实这种论调想表达的就是一句话：我不想对你负责。你知道我曾经受过伤的，所以我跟你玩玩算了。

可偏偏这种话很多人都愿意相信，并愿意原谅他的一切。我们大家都很善良，觉得“遇人不淑”是特别可怜的一件事，他这么可怜了，变得什么样都可以理解的。

事实上并非如此，这个世界上坏人太多了，每个人都有可能遇到，如果人人都苦大仇深，社会主义事业还做不做了？

我相信，一个人遇到坏人而全盘改变世界观，除非是特别极端的情况，否则都是借口。

如果是真的，那就是这个人太幼稚，更不值得接近。

二

也许很多人要问，美荞和文艺男怎么样了？

这个就涉及隐私了，但鉴于没有人知道美荞是谁，影视工作室也没有上线，所以还是可以透露几句的。后来俩人恋爱了——是美荞一厢情愿地恋爱，因为文艺男说了，他不会爱美荞的，他已经不知道怎么去爱了。

再后来，美荞流产了两回，也没有得到文艺男任何承诺，整个人因为流产而面色萎黄，眼圈发青，痛经剧烈，从前活力四射的她完全变了样。这时候文艺男突然意识到“我已经失去了爱一个人的真心和能力，我觉得这样对你是不公平的”，然后就强行与美荞分手了。

美荞大哭，找我喝酒，但我这个人不会喝酒，只能看着她喝。美荞说：“他怎么这样啊，他当初受过伤的，怎么忍心再伤我。”

我发现美荞说话的腔调都和那个男人一样了。想再劝她几句，但是美荞依旧听不进去。

我问美荞：“以后还会恋爱吗？”

“也许不会了吧……”她说。

现在，2017 年，美荞已经订婚了，找到了一个和她志同道合的男孩，没有文艺男帅，但很踏实。他知道美荞流产两次的事，很心疼，很想痛扁文艺男（但是也就是说说，毕竟是法制社会了）。美荞准备去苏州买婚纱，路经南京来看我，她早就忘记了以前“也许不会爱了”的说法。

我很嘴贱地说了一句：“看到了吧？其实再受伤，也依旧可以继续下一段爱情的，一个坚强的人是不会为了偶尔遇到的一个坏人就全盘改变的。比如你就不会，我也不会。对不对？”

美荞若有所思，良久骂了一句：“去他妈的！大骗子！”

没错，那人就是个大骗子。

看清了这一点很好。

三

从小到大，我们遇到过多少坏人啊。

小时候，我们可能遇到过拐卖儿童的犯罪分子，遇到过怀着恶意骗我们“你不是你爸妈亲生的”的找事阿姨，遇到过家长不送礼就对学生不好的势利老师。但是同样的，我们也遇到过给我们让座的小姐姐，遇到过替爸妈接我们回家的邻居阿姨，遇到过天天吃黑板灰为的就是教我们成长的好老师。我们会因为那些坏人就变成一个坏人吗？会因为一个坏人就说“世界对我不公平我要报复社会”吗？

不会的，因为我们会在好人与坏人之间寻找一个平衡，小孩子虽然说不出什么道理，但他知道世界上好人还是多的，坏人还是少的。

等到长大，遇到的心思复杂的人会更多：妒忌你美貌的舍友，跟你竞争激烈的同事，和你家处处比较的妯娌。最可怕的是，还会遇到戏弄你感情的渣男渣女，世界比我们起初想象的要恐怖一点点。

但我们还是不会就此变坏，因为我们心智已经成熟了，我们应该正确地认识到：“世界上并非只有‘好人’和‘坏人’，大部分情况下都是‘真人’。所谓的真人，就是真的活着真的思考，并不太好也并不太坏，他（她）可能会伤害你，他（她）也可能帮助过你，但无论如何，他（她）不能够左右你。”

我们自己也不是完人一个，也不是活着的雷锋，所以当遇到坏人的时候，遇到“这种奇葩”的时候，会生气会哭泣会郁闷会抓狂，但我们不能改变。

世界是个大林子，这么大的林子里啥鸟没有啊。为遇到的几个坏人、恶人，就改变了人生观，说自己“受伤太重再也不相信 ×× 感情”，说到底，那是幼稚与失败。

同样，如果你遇到这样的人，也别去贸然同情，最好避而远之，因为在这个世界的大林子里，他也不是什么好鸟。

第四章

修炼：修炼成仙很难，修炼成强者也不易

1　千万别看不起文化

—

放眼看去，看不起文化的人，往往都是真没文化的那些人。

同学叶帆开始创业，起初艰辛，一路坎坷，终于离“拉到投资”只差一步。那一天，他有幸和投资人吃饭，战战兢兢，天南海北，吹捧连天，终于进展到了最实质的阶段。这时候投资人问：“哎，听说你是985大学毕业的啊？”

“是是……”叶帆挺高兴有人提到他的母校的，那毕竟是所牛气的大学。

“我就没上过大学。”投资人突然往后一靠，点上一支烟，吞吐了一口云雾之后，非常得意地补充了一句，“我那些上过大学的朋友，没有一个混得比我好。”

“呃……”这句话叶帆不知道怎么接。

接下来投资人又抛来了问题：“你学历史的？”

“是是是。”叶帆再次点头，他的导师可是相当不错，如果不是他怀着一个创业的梦想，现在也拿了体制内的工资进入某考古所了吧。

“你是学历史的，那我得考考你。”投资人又把身子倾了过来，烟都快要喷到叶帆脸上，“你知道蒋介石最爱的女人是谁吗？你知道武则天最得意哪个男宠吗？你知道李鸿章写过什么黄诗吗？”

“我，我不知道。”叶帆还真不知道，不是谦虚。

投资人一声冷笑，又吐了一口烟，声音里全是嘲讽：“呵呵，还是985大学学历史的呢，这都不知道，我没上过大学，但我全都知道！你说你们学文化有什么用？”

事后，叶帆是这么向我回忆这件事的：这哪是历史？这哪是历史！

但是很不幸，当时叶帆不敢跟投资人这么吼出来，他只能红着脸赔着笑，丢掉了一个重点大学历史系学生的面子。

那次投资最终没有成功，因为显然这样的投资人与叶帆的气场是不合的。但他带给叶帆的冲击不在于投资失败，而是那句“学文化有什么用”。

践踏文化的人过得很富足，学文化的要去当孙子。学文化真的没用吗？

叶帆如是问我。

而我告诉他，这件事吧，得从两个要素来看。

到底哪些人看不起文化？

在这里，我想很不客气地说，看不起文化的，基本都是一些没有文化的人。

不怕板砖，也不怕有人跟我争辩说，某某博士酒场上说“唉，读博士没用，真的，你们别羡慕”。那不是他所要表达的意思，他可能只是想要谦虚一下，或者说他只是感慨于文化没有带来更好的生活实际，却不代表他真的认为文化没有用，如果没有用，人家读博的早就中途跑路了。

放眼望去，告诉你“文化一点用没有”的基本都是一些没有真正接触过文化的人。而且这些人说这些话的内心活动还分为两派。

一派是狐狸型，这里的狐狸指的是《伊索寓言》里那种吃不到葡萄却说葡萄酸的狐狸。张叔，地产商，早些年从泥瓦匠做起来的，手下一批大学生，酒足饭饱之际最爱说的一句话就是：“你看，喏，全是大学生，哪个都比我有文化！可是我骂他们一句，屁都不敢放一个，你说说，文化有什么用？”

通常情况下，大学生们都面色难看赔笑，其他人也跟着附和。看起来张叔就是一个极端的文化反对者吧？但我知道，张叔有两个儿子，个个都被他逼着好好学习，学不好就巴掌招呼。其中一个终于考上了大连市某不错的二本，张叔大请宾客，连我这样的小人物都被拖到了桌子前，跟着胡吃海塞鲍鱼海参。在酒足饭饱之际，我看到那天的张叔是打心眼儿里高兴啊，试想，如果他真的看不起文化，会为儿子考上大学乐成这样吗？

这时候我才品过味儿，对于张叔来说，他之所以一次次地贬低文化并非是因为看不起，而是出于自卑，他那一代人苦过来，书没读多少，力气却没少出，看到新一辈有文化的后生难免是会底气不足的，不由得要说一些言不由衷、拈酸吃醋的话来壮自己的威风。一旦有机会给自己补充文化或者给下一代人补充文化，他对文化的真实态度才会显露出来——他其实还是想要自己人有文化的啊！如果是这一类人跟你说“文化没有用”，你信了，不学习了，不上进了，那就是上当了。

另一派是溜边儿型。“溜边儿”是我们大连土话，说白了就是老在事物的外面逛着，一直没有接触到实质。身边很多看不起文化的人，就是这种溜边儿型，之所以觉得文化没有用，是因为他从来没有了解到“有文化”的实质。再举一个身边的例子，是我租房时的邻居，很奇葩，每天最爱拉着年轻人重复如下对话：

“你是大学生啊？”

“是啊。”

“哪个大学啊。”

“×× 大学。”

“哈哈，那你赚多少钱啊。”

“呃，没多少钱。”

“没多少钱是多少钱？”

“× 千吧。”

“我儿子高中都没上完，拉货呢，上万！”

“您儿子真了不起。”

“那肯定了！你们读书没有用，还不如我儿子呢！”

每次话进行到这里，被问的人基本都有要打人的冲动了。我先生（那时候还是男朋友）脾气不错，却也是气得颤颤地回来。然后他向我提出了重要的命题：文化到底有什么用？

我说，不管文化有什么用，至少不是邻居大爷这个用法。他的用法很显然，将文化等同于金钱，在他看来，能赚钱的就是有用，不能赚钱的就是没用，单纯用钱来衡量文化，这样的人你和他计较什么呢？

看看我们身边，对我们提出“别读书了，读书没用”的人，大多都是偷换了这么一个概念，就是“赚钱”即“有用”。这时候就可以明确地告诉对方：读书可能真不能赚到大钱，但读书肯定有用。

如果对方还是跟你死磕，甚至提出了“你知道张宗昌有多少个姨太太吗？哈哈，不知道吧？你真没有文化”这样无理的问题时，就不必再争论了。他并没有接触到“文化”这个词的实质，就像你跟一个从来没有见过冰激凌的人说“冰激凌特别好吃”，他永远也理解不了，但他是否理解并不影响你继续热爱你的冰激凌。

江苏省委党校的谢孝龙老师曾举过一个例子，他说身边很多人看不起哲学，尤其是马列哲学，说没有道理。谢老师作为学者，对此本着严谨的态度，想知道马列哲学到底是哪里惹到对方了，就刨根问底地讨论一番。结果一问，吵着“马列哲学不科学”的人十有八九都没学过马列哲学，即使学过，也只是政治书上那一部分，并没有深入研究，就敢评价一个经典哲学流派“不好不科学”，对此谢老师非常郁闷，曾对我们大发牢骚说：“你们如果没有好好学马列，如果除了马列没有接触过其他任何哲学流派，就别跟我讲马列不好！因为你们根本不懂，没有资格讨论！”

话说得很冲，但道理却是正确的。现在很多人都喜欢持一知半解的态度对事物进行点评，也许是书，也许是电影，也许是哲学，甚至是文化。这种走在边缘的人，你跟他计较什么？

到底什么才是有文化？

首先，我们要明确的一点是：文化并不等同于学历，不是高学历的人就是有文化，也不是没有高学历的就是没文化。

“你家孩子考哪个大学？啊？二本啊，哎呀我家孩子可是一本，这个一本和二本，真是差太多了，怎么不让孩子复读一下，加把劲儿再考个一本呢？”

扎进大叔阿姨的堆儿里，经常能听到诸如此类的谈话，说话者爽之又爽，听话者则气之又气。唯学历认人的观念现在仍旧流行，很多人认为一本就是高于二本，有了学历就是有了文化。在此我想强调我自己的观点：学历和文化有关系，但不是决定是否有文化的根本条件。

小 A 和小 B，一个成绩总考 A，一个成绩总考 B。小 A 如愿上了一本重点 211，小 B 高考失利学了专科做幼教。小 A 自从上大学之后，抛弃了一切书本，专心化妆追剧谈恋爱，上课睡觉聊天玩手机，下课作业随便抄抄考试不挂科就好，四年下来，倒是凭借着学校名气找到了一份还算不错的工作，但这份工作就只是工作，没有任何提升的空间，而小 A 本人也没有任何想要提升的愿望，混一天是一天而已。至于小 B，高考失利之后着实郁闷了一阵子，但很快就恢复了乐观积极的天性，想着自己既然学习不是料，可以在其他方面充实自己啊。由于幼师普遍要求对音乐有一定程度的修养，小 B 开始苦练钢琴，学唱歌，看乐理书，还自学了吉他。渐渐地，小 B 发现，自己读数理化没有什么天赋，但学习艺术却很有心得。兴趣会激发天赋，天赋又会反作用于兴趣，我们总会越来越热爱我们擅长的事物，所以小 B 在这条路上越走越远，整体人的文艺气质都显出来了。

到了年底，两家聚会，小 A 家的优越感比较强，不顾小 A 是不是吃胖了体形、言语无味、举止粗鲁，只一再强调“小 A 是一本毕业的，工作好啊，工资高啊”。而小 B 家虽然觉得自己姑娘越来越优雅大方、得体可爱，但还是只能讪讪笑着，因为小 B 只是一个专科的幼师。小 B 的爹娘拍了一句马屁：“还是大哥大嫂你们有福，生了一个有文化的姑娘。”

公平吗？不公平！其实两个人发展到这一步，已经无法单纯地以学历来区别是否有文化了。小 A 是一本，又怎么样呢？小 B 是专科，又怎么样？明眼人都看得出来，谁更有真正意义上的“文化”。

文化不是指学历，明确了这一点，才能引入下面的问题。

文化到底带给我们什么？

明确了文化不等于学历之后，再来问下一个问题：文化到底带给我们什么？

经常会有人非常不客气地提出“某某高级知识分子饱读诗书却毒

杀妻儿”之类的案例，作为“读书都读到狗肚子里了”“书读得越多，人变得越坏”的佐证。这种举例总是让人啼笑皆非，关于是否“读书都读到狗肚子里”，我只想说任何一个群体都会有个例，用个例代表整体的愚蠢程度是没有意义的；关于是否“书读越多，人变得越坏”，我只想引用曾经非常红的一个微信标题——“震惊！喝过水的人百分百都会死！”来反驳。书与坏，水与死，并没有必然联系啊。

抛弃掉偏激的观点，我认为文化确实带给了我们更高的素养和更高的追求。有文化的人更宽容，更易沟通，更易理解他人；有文化者聚焦的地方，环境也显然更优雅、更舒适一些。

也许会有人说这是精英主义，对此我一定要反驳，因为我并不是精英，不需要为精英代言，但我接触过许多精英，他们无一例外都比想象中的更好相处，也无一例外对文化持有非常尊敬的态度。

北大光华学院的陈玉宇教授，长江学者，宏观经济研究所所长，我有幸接触过他的生活，才发现像他这样“爬到学术高峰的人（至少我是这么认为的）”，还在不断地学习新的知识，他的桌上丢着纯英文的代数书，还攻读牛津文学史，这全都与他的专业以及他的“赚钱”没有任何关系，他只是在保持一种学习的习惯。即使是我的论文——一篇名不见经传的毕业论文，他都逐字逐句地读，不懂的也问，这种态度深深打动了我。

有文化的人还在认真学习，没文化的人已经叫嚣文化无用了。所以你说，文化到底有用没有用？

现代社会，追名逐利成风，越来越多人投身到短期见效快的事业中去，学习、读书、积累、思索成为一种慢于时间的“过时的文艺”。但是，无论有多少人嘲笑文化，多少人无视文化，都不能否认文化的作用，没有任何一个时代可以湮没文化，即使是焚书坑儒的秦朝，秦始皇也没有任用一批不识字的泥脚汉啊。所以当这个时代嘲讽文化的时候，希望我们每个人都还可以尽己所能保持对文化的虔诚，坚持读书，坚持学习，坚持一切对知识的汲取都会有回报，那回报可能不是钱，但肯定是财富。

2 消遣≠不学习

为什么有些人总在玩，却还能进步？

前段时间网上流行一个段子，一个放羊的和一个砍柴的在山上遇见了，二人相谈甚欢，一直聊到天黑才散去。这时候，放羊的拍拍屁股，非常满意，因为聊天的时候他的羊已经吃饱了；砍柴的呢，这时候才傻了眼，光顾着聊天了，现在他两手空空什么收获也没有。

这就引出了一个非常关键的问题：两个人都在消遣，为什么消遣之后他收获了，而你却一无所有？

我认为，原因有三个。

第一个原因：他玩得起，你玩不起

阿九和阿铭同时到北京打拼，二人组了一个乐队，在三里屯的酒吧里驻唱。北京的乐队像天上的牛毛一样多，能红的却像演员的素颜一样少，所以阿九和阿铭拼了几年之后，生活条件每况愈下，从最开始的合租公寓，换到了城中村小民房，最后换到了地下室。

再多的理想也会被现实冲淡，在一天酒后阿铭和阿九大吵了一架，然后黯然分手。三年之后，阿铭在北京小酒吧里继续驻唱，没有女友没有房子没有地位没有人生方向，但阿九回来了，已经考上了首都师范大学的研究生，虽然没有北京户口但已经买了一套商住两用小公寓，几年之后房价涨得离谱。

阿铭和阿九再次聚首吃饭的时候，已经一个天上一个地下了。阿铭这时候才意识到，当初一起玩音乐，为梦想勇敢地 high 了一把，他的梦想输掉了，生活也输掉了，而阿九的梦想输掉了，生活却日渐起色。

很简单，因为阿铭玩得起，阿九玩不起。阿铭父母是工人，大学毕业后老人一心想让他回家找个安稳工作娶妻生子，孝敬父母。阿九的父母却是深圳的富商，儿子去北京闯世界那就去闯吧，反正闯到最后没有出路了，父母总能给买点出路的。

这就是放羊的人和砍柴的人本质的分歧，人家玩得起，你玩不起。

生活中很多人都会抱怨：大家都是消遣，怎么最后他啥事没有，我却一蹶不振呢?

并非因为消遣的方法不同，而是因为消遣的人不同。当你和别人一起玩的时候，万万不可有从众心理，想着“你看大家都在玩，我也玩吧”。要小心，人家玩够了之后有别的出路，而你面前留下来的可能就是死路一条。

这话很难听，但很真实：真的，人家玩得起，你想想看，你玩得起吗？如果玩不起，还是乖乖地砍你的柴吧，无论那个放羊的招手招得多么殷勤。

第二个原因，不消遣的时候，人家在学习。

我某朋友的妹妹，学习成绩不好，怎么劝说也不听。朋友觉得我从985大学毕业，算是“好学生”，就让我帮忙劝劝这孩子。

小姑娘叫婷婷，看起来不是拎不清的那种糊涂孩子，我问她：“你怎么不好好学习呢？”

她回答：“唉，其实大家都不学的啊，不光是我。”

“这个‘大家’是谁？是全班吗？”我问。

后来我弄明白了，这个“大家”其实单指她的同桌。同桌是学委，老师把她和学委安排在一起坐着也是出于一片好心，但不承想婷婷发现，学委根本就不好好学习，放学之后连作业本都不带，早晨早早过来抄作业，然后就大谈昨天晚上看了什么电视剧。

婷婷告诉我：“我爸妈说，有些成绩好的孩子可缺德了，表面上看起来不学习，也劝你不学习，其实背地里学得可凶了。”

我点点头，我小时候也经常受到这种教育，而且一度被人当作那种“表面不学习、背地学得凶”的心机学生。

婷婷接着说：“但学委不是那种人，她是真的不学，我有数的，那些电视剧我和她一起追的，如果她晚上学习，就一定不能第一时间反馈剧的情况。你看，同样都是不学习，她的成绩还能那么好，我却不行，这本来就说明是脑子问题嘛，我拼什么呢？”

我被婷婷的逻辑折服了，乍一听真的是那么回事啊！但我不能这么折返而回，朋友不会放过我的。所以我仔细回想了从小到大我遇到的所有优秀学生，再了解了一下婷婷的课堂表现，终于找到了症结所在。

我说：“你把你学委的笔记借我看看。”

第二天笔记就拿来了，翻开和婷婷对比一下，完全就是天上地下的区别。学委的笔记字迹不够工整漂亮，但是内容非常丰富，在记录老师教授内容的同时还适时补充了许多自己拓展的知识，疑惑点和引申知识点也全都用不同颜色的笔画出来了，可以看出这个学生在课堂时间里是如何最大限度汲取知识的。而婷婷的笔记呢，字迹倒是工整漂亮，但看起来完全是“为了笔记而记笔记”，全部照抄老师的板书，有些名词和公式还抄错了，明显是在不求甚解的情况下机械记录下来的。

学委也许真的和婷婷一样，放学之后总是消遣，追剧追星，早早睡觉，但在不消遣的时候，人家是全心全意学习的。而婷婷呢？消遣的时候真消遣，学习的时候也不是真学习，成绩怎么能有人家好呢？

我把这话跟婷婷讲了，婷婷眨巴眨巴眼睛，应该是没有听进去。我觉得也正常，我像她这个年纪的时候也意识不到这个问题，总觉得表面现象就代表了一切。等到有一天长大了，你身边越来越多这样的人时，你才会意识到：天啊，我其实不能和她一起玩的，因为人家不玩的时候效率太高了。

没错，人家不消遣的时候始终保持着高效率的学习工作状态。当你想和人家一起消遣，并想当然地以为“你看，他也一样的，不是依旧很优秀吗？所以我也学他一样吧”的时候，请好好想一想，消遣之外的时间你是否有那样的能力和精力，进行“开挂式”的学习。如果不能，那最好还是别跟人家玩了，笨鸟先飞，勤能补拙才是良计。

婷婷的成绩还是没有起色，朋友对我翻起了“要你有什么用”的白眼，我只能替她祈祷：姑娘，快点醒过来吧！

第三个原因，消遣的时候也在学习。

我有个写手朋友，好久都没有写出东西了，找我抱怨，说实在是进步不了，惰性十足，平时除了爱看电视剧，啥也不爱干。我安慰她这是普遍现象，千万别担心。

但事实是，她真的应该担心，因为越不写就越手生，越手生就越不想写，这是一个写手都会恐惧的死循环。再加上近年来纸媒死得很快，以前大家常驻发稿的杂志一个个倒掉了，转入网络小说界，网文又对日更新率的要求特别高，写手朋友爱看电视剧，大量的空闲时间都被占用，技术和更新量都不如人，无法在竞争激烈的写手界分得一杯羹。

无奈之下，只能退出。

但是她退出的时候，我真心觉得惊诧。因为她的缺点就只不过是爱看电视剧而已，像《甄嬛传》《潜伏》这些电视剧还是很值得一看的，怎么就看着看着把自己“看死”了呢？

身边还有一位写手，疯狂地迷恋《甄嬛传》，几乎是百看不厌，看了几十遍之后自己也有了灵感，在某青春类刊物上连载了一套宫斗的长篇小说，几万块银子分分钟就进了腰包，还积累了一大批粉丝。

同样是看电视剧，怎么差别就这么大呢？

没错，差别就这么大，因为有的人消遣就是消遣，而有的人消遣的时候也在学习。

还是以《甄嬛传》为例，上大学的时候几乎是人人必看，有人捧着手机疯狂地看完了就也完事了，而有的人会仔细去想其中做人做事的道理，如果平时做事跋扈如余答应，那就收敛一点，锋芒勿露；如果平时说话不经脑子，就像傻傻的淳贵人的，那就张口的时候三思，别被人害死了还不知道。这些都是学习，都是可以在看电视、消遣的过程中进行的学习。更有甚者，干脆借着这把东风写一些关于《甄嬛传》的杂谈，比如《评敬妃做人以“静”制动的道理》，比如《甄嬛传与职场》等，更狠的是我一个编剧专业的同学，翻出了《甄嬛传》原著，对比着电视剧一集一集地看，分析如何改编的，哪些情节有巨大改动，哪几个角色合并成为更丰满的角色，哪些细节可以让冲突更加打动人心等，最后期末作业一交，老师高兴自己也高兴，编剧水平再上新高。

这就是学习，玩的过程里，就把能学的东西学到了。

小结

这一篇的内容有点残酷，因为谁都不愿意看到自己被人落在后头。但事实就是如此，如果我们看不清“消遣”与“学习”背后的真实关系，将一辈子也追不上来。

总结起来，当你和一个人同时玩的时候，要好好想想如下几个问题。

第一，大家都在玩，玩的时候可能有风险，可能有损失。你的个人条件和他比起来怎么样？他玩得起吗？你玩得起吗？如果发现自己条件远远不如人家，承担不起玩后的巨大风险，那就别玩了，乖乖努力和奋斗吧。

第二，大家都在玩，玩的时候会占用很多时间，他说“没事，我也在玩嘛，我也没被落下”。这时候要警惕，他固然和你一起玩了，但其余时间他在干吗？和你一样继续无所事事吗？还是突然间马力全开努力拼搏？如果你不能够像他一样，在消遣之余的时间里全盘最大化发挥功效，那还是不要和他一起玩，他天赋异秉，你陪玩不起。

第三，大家都在玩，而且似乎都没有在学习，但他有进步有成果，你却一事无成。这时候你拍拍自己的脑袋好好想一想，他“玩”的时候真的是在玩吗？他玩的时候没有在学习吗？是不是“玩”本身就是对他的一种磨炼或休养？如果发现是这样，那你能不能学着和他一样，在玩的过程里不断进步？不能的话，放弃和他一起玩，去做更脚踏实地的努力，去做更朴实更辛苦但更容易出成果的自己。

生活就是一场修炼，每个人的“果”都有“因”。消遣只是生活调剂的表象，背后的东西太复杂太深刻也太沉重了。

下次玩的时候，三省吾身，三诫自己，消遣真的不等于不学习。学习，其实也能是一种很好的消遣。

与大家共勉。

3　妒忌他，就学尽他的长处

—

如果妒忌一个人，扎小布偶是没用的，倒不如学尽他的长处，让他转而妒忌你。

一

看古装宫斗剧的时候，经常会看到有些不得宠又争斗不力的嫔妃手执一个小布娃娃，上面写着得宠妃嫔的生辰八字，一边用针狠狠地扎，一边怨恨地说：“让你得意！我诅咒你不得好死！”

通常情况下，看到这个镜头，大家就基本能判断出这是一个活不了几集的傻角色，其主要作用就是陪衬光辉的主角。因为每个人都知道，妒忌的时候扎小布偶是没有用的，把所有的力气都发泄到布偶上去，到头来只有被仇人灭掉的份儿。

既然这个道理大家都懂，为什么现代社会还有那么多“扎小布偶式嫔妃”呢?

真的，在我们身边，有很多人妒忌他人，却不肯付诸努力，而是一味地抱怨，诅咒对方快快倒霉，这和宫斗剧里的傻妃子有什么区别？

我身边就有这么一个例子，曲妞，重点大学硕士毕业生一枚，分配到某不太知名的科研单位。巧的是，她的舍友也和她分到了一起，两个人从读书起就不太“对付”（即关系不好），进入一个单位之后，更是各看各都眼红。工作一年之后，我和曲妞每次相逢吃饭，曲妞张口闭口都是舍友的事儿，而且大有妒忌之意。大意如下：

“她出书了，你知道吗？就她那个水平，以前上课笔记都是照我抄呢，居然还出书，我真是眼镜跌到黄泉里去！”

“她出书是怎么回事？别人不懂，我还能不懂吗？她就是把以前的论文整合了一下，申请了一个模棱两可的课题，然后找到一个共同的主题做了一个论文集，那叫什么成果啊？炒冷饭啊！”

“我跟你讲，其实我也不是不会做，我以前的论文写得比她好啊，但我就是不屑于那么干，国家给了我们钱是让我们实打实做科研的，绝对不是像她那样！”

“你看着吧，她就那么搞，现在闹得欢，很快就得倒霉！”

“看你这眼神你是不信吧？我跟你说，你不在科研单位你不知道，她肯定就要玩完啊！”

整整一顿饭，好像不是我和曲妞吃的，而是我和她的舍友吃的似的，她舍友的情况我已经了如指掌了。起初我对曲妞这种“不屑于那么干”的职业操守非常感动，认为我们伟大的祖国的科研事业前途有望了，但是后来我才明白：曲妞不是不屑于那么干，而是干不来。她舍友是个很有想法的人，以前的论文都是围绕同一个主题来做的，而且都找了知名专家做评估，综合起来自然可以出一本非常漂亮的论文集。而曲妞之前的论文是东一头西一炮，含金量不高，甚至还有大量的重复论断，怎么能出论文集。

所以总体来说，曲妞和扎布偶的嫔妃是差不多的。

她和舍友同时起步，就像同时入宫、才貌差距不大的嫔妃；

后来舍友出书了、混得风生水起了，而她依旧没有什么成果，原地踏步，这就像一个嫔妃得宠了，另外一个却被冷落了；

再后来舍友已经不屑于和曲妞争斗了，一心投身在更高目标的科研中去，而曲妞一腔子怨气，只想着“她怎么还不倒霉”，却不进行任何实质性的努力，就像一个宠妃已经琢磨着如何生龙子永远拴住皇帝的心了，另外一个嫔妃不惦记怎么吸引皇帝注意，反而天天在家扎小布偶诅咒对方早死。

历史总是惊人的巧合，以前蠢妃做的事情，现在依旧有人做，而且做的时候丝毫不觉得误入歧途。

后来我又和曲妞吃了几次饭，话题还是她舍友的那点事儿。我就劝：“你别管她了，平时少看点儿剧，也多跑跑图书馆写论文，明年后年咱也出一本书，胜过天天等着她倒霉。”

曲妞说：“你说得容易！天天多忙啊，事务性工作很多，下了班腰都要累断了，脑子也轰轰响不好用，哪里还能做科研？我看看剧是一种实际的生活需要。哼！她天天不知道休息，迟早身体玩完！”

“对！她身体肯定会先坏，肯定会早死！”

我想，曲妞可能真的没有救了。

二

妒忌，这个词其实并不算是一个坏词。

之所以大家觉得它坏，是因为大家厌恶妒忌这种心态所带来的负面影响，比如扎小人，比如使绊子，比如失望绝望最后投河跳井，等等。实际上，妒忌是一种再正常不过的心态了，每个人都会妒忌，小时候可能妒忌漂亮的表姐，长大后妒忌同班的班花，再长大妒忌会赚钱的兄弟，再再长大妒忌提拔快的同事。既然人人都会妒忌，那就没有必要视妒忌为洪水猛兽。在我看来，适当有点妒忌没什么不好，看到别人强，自己弱，心里不平衡了，也想要了，这本身就是一种动力和激励嘛。

怕就怕，有些人妒忌了只会扎小人，上怨天，下怨地，中间怨空气。

那么，如何转换自己的这种妒忌呢？我觉得就一句话：学尽他的长处！

如果你妒忌一个人，首先肯定是她（他）比你优秀。那他为什么会优秀呢？要么可能是先天带来的，比如她（他）相貌特别好，家里特别有钱；再比如他是后来得来的，比如她（他）人际关系特别好，升职特别快。无论是哪一种，我们都有补救和追赶的余地。

如果她（他）先天条件好，我们可以尽最大努力后天补上嘛。我有个同学阿娇就特别励志，人长得一般，却不幸地有个特别美丽的表姐。

每次出去亲戚都格外捧着表姐，人前人后把表姐夸得一朵花似的，阿娇失落得很，也妒忌得很。

做了多年的陪衬之后，阿娇意外地想明白了：表姐大眼睛尖下巴我是学不来了，我又不想动刀，那我锻炼一下形体总可以吧？

阿娇开始苦练形体，天天贴着墙站，治疗女生常见的驼背；每天晚上练习瑜伽，减肥塑形；每周照着港姐的教学视频，学习如何正确、优雅地走路……这些锻炼的成果见效很慢，但付出绝对有回报。现在阿娇已经29岁，表姐30岁，因为她常年注意形体练习，又学会化一点淡妆，走出去形象出众，让人见之则敬。而表姐虽然从小漂亮，但自恃美貌不太保养，体形没有控制住，驼背等问题也没有好好克服，现在已经“泯然众人矣”。就在我码字之前，阿娇的朋友圈还在晒她的健身照呢，我作为一个码字小胖真的非常惭愧。

事实就是这样。即使是先天的不足，都有办法通过努力弥补的，那么后天的不足又有什么可提的呢？

如果你妒忌他有钱，你就去赚啊。

如果你妒忌他写得一手好字，你就去练啊。

如果你妒忌他婚姻美满幸福，你就去放开眼挑你的如意配偶啊。

无论最后是否成功，以被妒忌者为目标而付出的劳动，远远胜于以被妒忌者为对象狂扎小人的举动。

有时候，我们会觉得无助，觉得永远比不上“那个人”。就像后宫里的妃子，觉得无论如何都没法得到皇上的宠爱，年纪又一天天老下去，除了扎小人泄愤似乎也没有更好的办法了。但事实并不像我们想象的那么悲观，即使是在不自由的后宫里，如果真的没有青春美貌，得不到皇上的垂青，至少还可以锻炼身体当一个健康长寿的太妃啊（前提是没有陪葬政策），可以努力搞好后宫的人际关系让大家下次争斗的时候别拿你当炮灰啊，也还可以天天往太后那里跑跑抄佛经做点小活计啊。

进步的方法有很多，似乎个个都比扎小人有成效、有格调。所以，下再看到电视剧里扎小人的傻妃，不妨想想，自己是不是也同样傻。

最后说一句，曲妞的那个舍友已经出了三本书了，目前即将评副高，而曲妞还在原地踏步，怨言丛生。

对手倒霉的那一天，盼啊盼啊还没有来，即使那一天来了，曲妞也已经离对手太远太远，追之不及了。

时间不等人，放下心里那个扎满了针的小布偶吧，你妒忌他，那就努力起来，学尽他的长处，让他再也没有超过你的地方。

嗯，够狠，就这样！

4 下班之后，你和你的敌人都在干什么

—

想想看，如果你的敌人每天都在努力，你下班还能安心睡大觉吗？

一

首先，讲一个很狗血的故事。

小 A，女，大学时期恋爱，男友为小 B，二人毕业后感情不温不火较为稳定，但小 B 迟迟不求婚，私下里小 A 颇有不满，但也没有太当回事。小 A 的理论是：他可能就是比较慢热，我就等着呗，还能分手吗？

这时候小 A 遇到了做婚纱摄影工作的初中同学小 C，鉴于小 C 同学的职业特别有刺激性——可以暗示男生结婚，可以跟男生说“结婚的时候有人帮忙了，我的同学就是婚纱摄影师哦”，所以小 A 带上男友小 B 与小 C 一起吃了饭。

然后……既然我开头说了这是一个狗血的故事，那大家应该就猜得到了。结果就是小B居然对小C一见钟情，先是地下恋，然后地上恋，最后恋得快要飞上天了。小A闹破奸情的时候，小B几乎没有犹豫地就提出分手了，而且是如释重负的。

小A去小C的工作室打闹过一场，在外表上争得了一些面子，但实际上女人是不可能通过打架来得到一个男人的，小A还是失去了爱情，然后永永远远地恨上了小B。

更狗血的是，与小A恋爱时迟迟不结婚的小B，居然在爱上小C半年之后就努力求婚，非她不娶。这话通过复杂的朋友圈传到了小A那里，小A气得差点要疯了，她咬牙切齿地说了这么一句话："让他们结婚吧！但他们不会有好下场的，那个小狐狸精，迟早会倒霉！"

小A和小C互为敌人，然后日子就一天一天过来了，很多事情在潜移默化中发生了比以往更为强烈的改变。

小A，因经受失恋打击，下班之后追剧，吃零食，然后胡乱洗把脸，倒头就睡，第二天重复同样的生活。一年下来，小A衣着品位越来越差，形象比以前更加邋遢，体重严重超重，更可怕的是思想变得简单，张口闭口就是那几个韩国小鲜肉，说来说去也只是那么几个话题。

小C，没有很快接受小B的求婚，但是很高兴自己得到了一段新的爱情。因为开办摄影工作室，所以小C下班时间比大多数人晚，但她还是报班健身，同时多读书，从不追剧，也不爱刷手机，除非是看新出的样片和国外婚纱新款。一年下来，小C还是那么漂亮，身材比以前更好，自己都可以上样片当模特了。读书多了思想也丰富，小 B 每次与小 C 聊天都有不同的感受，因此小 B 想娶之心更甚。

然后，小 A 对这一切还不自知，还狠狠地咬着薯片说：“他们不会有好下场的！”

醒醒吧姑娘，人家真的奔着好下场去了！如果我是小 B，与小 A 这样的姑娘生活久了，我也会珍惜小 C 的，一个在工作之余还能进步与成长的姑娘，才是我真正想要的姑娘啊。小 A 徒然以对方为敌，却完全不思追取，结果只能是越落越远，无法企及。

二

每个人走进社会之后，都会遇到敌人的，也许是你爱攀比的同学，也许是给你泼脏水的同事，也许是抢走你男人的情敌，如果这些都没有，那我祝贺你很幸运，但同时你肯定也会有个假想敌。

那么问题来了，下班之后，你和你的敌人都在干些什么？

一想到你的敌人在进步，下班之后她可能在美容，在约会，在读书，在工作，在经营人脉，你手里的电视遥控器还能拿得住吗？

但也许有人要问：下班时间我也想利用的，但真的用不好啊。而且那点时间，飞也似的就过去了，感觉用了跟不用没有什么两样。

其实很两样。接下来就让我们好好分析一下“下班时间”。

以一个普通上班族为例，我们假设她晚上 5 点半下班，一个小时到家，回家之后用半个小时吃饭——也可能是在外面解决晚饭问题，也有可能减肥不吃。那么这一切结束之后，时间推到了晚上 7 点。这时候可以用半个小时开展家务，洗衣啦洗碗啦拖地啦，都可以有效地解决家里脏乱差的问题，营造良好生活环境，同时还可以消化掉晚饭，不至于让自己变得太胖。然后这时候已经 7 点半了，顺势健半个小时的身，是个不错的选择，可以进一步燃烧掉脂肪，也可以使身体恢复活力，健身结束之后再用半个小时洗澡，半个小时休息，哇哦，是不是觉得自己做了很多事儿？但这时候抬头看看，其实才晚上八点半。八点半，你已经把自己洗得干干净净，晚饭消化得非常充分，家里也收拾得整洁舒服，还有什么理由不看看书、写写东西、看看教材、规划一下未来的生活？

如果下班之后这段时间，你采取进门吃泡面加看韩剧的模式进行，那你会发现，时间飞也似的就到了晚上 9 点，然后你就很可能懒懒地挪到床上，不想洗澡也不想运动，仰面朝天刷手机到半夜，精疲力竭就像拯救了一个地球似的，第二天带着差皮肤和黑眼圈以及一脑子的空虚继续生活。

看出区别了吗？区别真的很大，而且第一种生活方式不见得比第二种更累。

现在，已经有越来越多的人意识到 8 小时之后宝贵，但却依旧没有办法行之有效地用起来，原因很简单：太碎片化了。这段时间里，你要回家，吃晚饭，谈恋爱，照顾家人，做家务，准备明天上班的东西，还要适当放松一下，总觉得时间特别少，一眨眼就过去了。

千万别让这时间一眨眼过去，这样的亏我就曾经吃过。刚上班的时候，不太适应这种身份转换，觉得下班时间好少，根本无法坐下来进行写作，也没法投入身心去看书。这时候我就会告诉自己："算了吧，下班以后才多长时间啊，用不用也没有太多的关系，我把写作和看书挪到周末吧，下班这点时间就玩玩吧。"然后开始看电影，逛淘宝，在朋友圈里疯狂点赞。

事实是，当我抛弃了下班时间之后，周末也这样被荒废过去了。因为大块的时间利用率反而更低。一是每个人的生活都很复杂，再大块儿的时间都会被各种各样的琐事撕成小小的碎片；二是大块的时间更容易让人产生惰性，总会想"一整天的时间来做这件事呢，那不如先玩一会儿吧，也来得及的"，然后就蹉跎过去了——别告诉我这样的想法你没有过。

所以，碎片时间一定要用起来。根据我自己的经验，我认为碎片时间的用法有两个窍门。

一是要有目标性。没有一个目标，很难让自己每天晚上都不去刷手机追脑残剧，人总是需要驱动的。那么请坐下来静静地想一想，你对现状满意吗？如果不满意的话，你想要达成什么目标？

这时候就可能出现一系列的想法，比如我想考个在职研究生，比如我想做一个惊天地泣鬼神的课题，比如我想瘦成一道闪电。这些都可以，选择一个你真正想要的而且可以达到的目标（想变成 ET 之类的目标就停留在想象阶段吧），然后把它记下来，告诉自己“我一定要实现”，并发挥想象力想象一下自己达成这个目标时的喜悦。想象会带给我们极大的乐趣，还会帮我们义务地在眼前吊一个“胡萝卜”。

二是要有规划性。目标建立之后，就要开始细化自己的目标，还是以瘦成一道闪电为例，一周可能是达不到的，那么两周瘦一斤有没有可能呢？如果想要两周瘦一斤，每天晚上要做什么样的运动呢？将目标分解成一个又一个的小任务，细化到最大限度，然后做一个表格，或在网上购买一个“百日目标表格”，把这些小任务都记录下来，每天下班之后照着做即可。

需要注意的是，这个目标规划一定要合理：过于缓慢会使人产生惰性——目标太容易达到，今天不做也可以；过于激进也会使人产生抗拒——哎呀妈啊，做一百个仰卧起坐太可怕，我不要再做了。总而言之，量力而行一定强于拔苗助长。

此外，这个目标不能一直“做”而从不“休”，毕竟我们现在利用的是“下班之后”的时间，上班已经让我们很辛苦了，下班如果还像上班一样累，就可能会导致对生活充满悲观和绝望，还没开始进步呢，人就已经跳河了，这可就麻烦了，因此我认为，无论多么细致的规划和多么强烈的目标，都应该在间隙里插入每周一天或每两周一天的休息时间，这天出去玩一玩，看看喜欢的电影，或者干脆就倒在床上玩手机看朋友圈。休息是为了让我们更好地工作，休息也是为了与工作拉开界限，找到更强的仪式感。

最后归之一句话：很多狗血的故事就发生在我们的身边，也许男友会被更会保养的女生抢走，也许客户会被更努力的同事抢走，想想你的敌人下班之后都在干什么。如果他在努力，你又特别怕他超过你，那你有什么资格不努力？

奋斗吧！

5　每一天，都是你此生最年轻的一天

现在的你，是一生当中最年轻的你，还有什么理由不学习不进步不努力？

一

去的尽管去了，来的尽管来着；去来的中间，又怎样地匆匆呢？早上我起来的时候，小屋里射进两三方斜斜的太阳。太阳他有脚啊，轻轻悄悄地挪移了；我也茫茫然跟着旋转。于是——洗手的时候，日子从水盆里过去；吃饭的时候，日子从饭碗里过去；默默时，便从凝然的双眼前过去。我觉察他去得匆匆了，伸出手遮挽时，他又从遮挽着的手边过去，天黑时，我躺在床上，他便伶伶俐俐地从我身上跨过，从我脚边飞去了。等我睁开眼和太阳再见，这算又溜走了一日。我掩着面叹息。但是新来的日子的影儿又开始在叹息里闪过了。

这是朱自清先生的《匆匆》，小时候因为要全文背诵，兼之认为朱先生胡说八道，所以对此文充满了恶感。时至成年，再回头看看的时候，才发现这些熟得已经不能再熟的句子里，传达的全都是至理名言。

真的，你会发现时间匆匆，年纪越大时间仿佛过得越快，别说“走得慢些，等一等灵魂”这样的话，绝大多数人的灵魂都已经因为走得太慢而困倦了。

目前我身边，不肯抓紧时间努力的有三种人。

第一种人，代表言论是：不，我要享受生活。

其实，“努力”并不影响你享受生活，生活本来就应该是高品质的，而高品质的生活首先要充实。打着“享受生活”的招牌随心所欲的人，初一听他的观点非常有理，细看却实在经不起推敲，甚至会让人觉得可笑。

我身边就有这么一位姑娘，上学的时候，除了上课基本大门不出二门不迈，从不主动学习，也不出去体验生活，有时候我们也会看不过，催促几句类似于“你也得努力啊，你看谁谁谁”之类的老生常谈，但她一句话就可以把我们顶回来：“你们太俗！每天为了名利忙来奔去，生命这么短暂，你们这样值得吗？”我们这等兼职读书参加活动忙得脚打后脑勺的人们，立即垂下头忏悔。

但是很快，我们就发现不对劲了，她虽然天天讲着要享受生活，清高而超脱，但她“享受生活”的方式就是每天睡到日上三竿，然后刷韩剧，打手游，叫外卖吃得胡天海地，然后再倒头一睡了之。

这就是享受生活吗？这就是超脱于庸碌的世俗的方式吗？

我们不相信，这只是给自己懒惰找的借口，而且终会有一天自食苦果。果然等到毕业的时候，她论文险些过不了，门门课程成绩不好，简历不够丰富，没有一家好公司肯向她伸出橄榄枝。

那到底什么才是享受生活？反观身边很多工作做得风生水起，事业发展得有声有色的人，他们虽然忙碌辛苦，却往往更能够享受到生活的精髓，他们最大限度利用时间赋予的权利，该工作的时候工作，该晒太阳的时候晒太阳，该健身的时候健身。重要的是，辛苦的工作给他们提供了可以出游、休假、与家人过想过的生活，这才是真正的享受生活，甚至可以说是——享受生命。

如果不信上述逻辑，你可以随便找一个过得非常潦草的人问一下，问他为什么不利用大好的时光去努力工作，去发展自己的兴趣，开拓自己的事业，寻找自己的真爱，感受美好的自然，他很有可能白你一眼然后告诉你说："那么辛苦不是我想要的，我生来就是要享受生活的。"

如果你懂了这个逻辑，就千万别做这样的人。

第二种人，代表言论是：我啊，已经来不及了，这辈子就这样吧。

真的是这样吗？我们要举下一个例子了。

People are always said that it's too late.However,in the fact,now is the best appreciate time.For a man who really wants to seek for something , every period of life is younger and timely!

这是著名风俗画家摩西奶奶的名言，意为："有人总说已经晚了。

实际上，现在就是最好的时光。对于一个真正有所追求的人来说，生命的每个时期都是年轻的、及时的。”

摩西奶奶本人就是这句话的最好见证，摩西太太一生生育了10个孩子，大半人生都被擦地板、挤牛奶、装蔬菜罐头等家务事所占用，是名副其实的家庭妇女。76岁那年，关节炎发作使摩西奶奶终于停下手头的劳作，开始寻找新的慰藉，也开启了她的“第二次人生”——绘画。

近80岁的、未经专业院校培训过的老人可以画画吗?

答案是完全可以!

80岁高龄时，摩西奶奶在纽约举办个展，引起轰动。她的作品更是多次获奖，成为艺术市场中的热卖点，也成为最畅销书、电台与电视台的热门追捧对象。现在，翻开豆瓣等著名读书平台，都能够找到关于摩西奶奶的作品，她以其的智慧以及不屈的拼搏精神，赢得了全世界乐于奋斗、追求自我的人们的心。

论画作，摩西奶奶称不上世纪经典，毕竟大师级人物那么多。她之所以得到这么多人的欣赏，主要在于她的前半生幸福平和、庸碌平常，却在大部分人都觉得“来不及了”的人生后半段开始冲刺，抵挡住了岁月无情的侵蚀以及传统意义上“前半辈子输掉了，后半辈子也蹦跶不了多高”的定式思维，跑出了属于自己的精彩。

我曾听到教育界一位著名女性说:“男人啊,如果40岁了还没有起色，那他就真的没有起色了，不用指望了。”她用这种理念指导了身边很多望夫成材的女性，也浇灭了许多以为自己能够成材的男性的希望。其实这话太偏颇了，诚然人到中年之后，精力体力都不如以往，连敢闯敢拼的劲头也不如以往，但你还是你，你想做的还能做，有了摩西奶奶这个例子，谁还好意思说："唉，我倒是想拼搏，但是已经来不及了。"

其实，随时开始都是来得及的，正在读此书的你，至少老不过摩西奶奶吧？

第三种人，代表言论是：我不行的，我有严重的拖延症。

不知何时起，"拖延症"这个词进入到我们的视界里，并逐渐成为一种流行。深入某个单位或学校，都会听到若干年轻人把这个词挂在嘴上：

"哎呀，我拖延症又犯啦，明天交给你好不好？"

"人家有拖延症，不要怪人家啦。"

"真的，我要治治拖延症了，明天就开始。"

不知道为什么，用上"拖延症"这个词之后，就好像一切都可以被原谅了，很时髦很接地气，如果说出这个词的时候再吐吐舌头，那简直就效果更好。这年头，如果没有个拖延症，都不好意思出门。

可拖延症到底是个什么东西呢？

市面上许多关于"治疗"拖延症的书，销量都很高，我也曾买一本回来热情地抱在怀里，然后拍一张图发在朋友圈，告知所有的朋友：今天晚上我要开始治拖延症啦！

随即就会跟进一大堆的回复，大家都给我点赞，并期待我反馈读书之后的意见，如果效果好，有一众朋友想要治呢、这种"与君同病"的感觉真是好好哦。

然而事实时，当天晚上我把这本书翻到了近三分之一，然后就拿起手机刷起了淘宝，把之前放进购物车但没有舍得买的很多东西一一付款，然后睡之大吉。

几天之后，我又在朋友圈发了一条：不好意思，我的拖延症击败了我治疗拖延症的决心。

随即又跟进了一大堆回复，大家还是为我点赞，并表示可以理解，没有人责怪我为什么不狠下心来把书看完，更没有人问我一句：哎，如果你真的拖延症，为什么不把购物车里的东西拖着不买？

真的，这才是问题的实质。看书对我们来说有点累——至少看一本从心理学角度治疗拖延症的书不是一件轻松的事，而上淘宝买东西挑衣服挑食品却并不觉得累，所以分分钟就完成了，甚至意犹未尽。说到底，拖延症并不是时时控制着我们，我们所谓的拖延症，只是自己觉得有困难的、费力的、不想做的、不能带来愉悦因而拖着不做的事情而已。

所以我们会把即将要写的稿子拖延下去，会对塞得满满的脏衣篓视而不见，会把刚买来的学习材料放在书柜上持久蒙尘，却不会对逛街买衣服有丝毫拖延。我们不会对刷豆瓣看影评有丝毫不满，不会对出去旅游有任何怠慢。说到底，拖延症不是一种病，而是一种我们安于享乐的心态。

我们的人生，我们的成功，就这样被慢慢地拖延掉了，等到晚年一事无成的时候，我们给自己戴上一顶非常漂亮的帽子，我们说："唉，平淡是福，真的，我一个有拖延症的人，本来也不指望有大成就的，老天没有赏这碗饭吃。"

天啊，千万不要这样。再回头想想摩西奶奶吧，她的成功为什么没有被拖延掉呢？因为在她看来，画画就是一件令人愉快的事，跟我们网购、看电影、睡大觉一样愉快，所以她立即去做了，没有丝毫拖延。

所以，你看，拖延症真的是借口。

甚至可以说，一切都是借口。

克服：今天是你此生最年轻的一天

到底怎么才能让自己克服对艰苦工作的逃避，开始自己奋斗的人生呢？

以我自己为例，从硕士阶段开始，我基本坚持每天写点东西，读点书，才会觉得这一天没有白过，生命没有浪费。有个同学就问我："你不累吗？白天那么变态的课，课后那么多作业，有时候又跑课题、见导师，腿都要断了，回宿舍只想一头栽倒，怎么还有力气去看书写稿？"

答案很简单：我也累，我也想栽倒，我也想追剧，但我想对得起自己的这一天，这一天是我此生最年轻的一天了。

实迷途其未远，觉今是而昨非。过去的永远都追不回来了，我们所能把握的只有当下，只有今天。有些人用今天去后悔昨天，用明天去后悔今天，结果天天都在后悔，都在痛苦，到头来却一事无成，这样的人不只出现在故事里，放眼身边，有的是。身边有个姑娘叫小琴，名字有个琴，却不会弹琴，某日突然发现我会弹奏古琴，就开始遗憾道："你看，你从小学琴有多好啊，现在我想学都已经来不及了。"我跟她说，古琴现在学也来得及啊，入门并不难，对童子功的要求也不高，而且像古琴这种意味绵长的乐器，反而是越有年纪了越能够演奏出味道。但是没有用，反正她见我一次抱怨一次，抱怨小时候家里气氛不好，没有这方面的熏陶；抱怨父母没有觉悟，只知道让孩子上奥数。既而，小琴又抱怨道："现在工作特别忙，想学也来不及了，天时地利人和都没有了。"

其实我想说，天时地利人和都有，而且永远都有。当小琴一次一次刷微信或者找我玩的时候，都是时间，都是精力，都是金钱，都可以付诸学古琴的活动中来。小琴所谓的"来不及"不是真的来不及，而是心理上永远都没有想要开始。

压根没想到开始，当然永远都来不及。

谁都会犯懒，惰性是本能使然，躺着不动，吃香喝辣，积累脂肪，是一种动物保护的天性。这样过日子也未尝不可，但摸着自己的胸口问一问，自己的良心是不是能过得去？

想想摩西奶奶，想想匆匆的时光，想想自己荒废的过去，把握住自己年轻的每一天吧！

6　狡兔有三窟，自己也要多留条路

吃着锅里的看着盆里的，这并不是一件坏事，至少在工作中不是。

一

余斌最近很苦闷，约我出来吃饭，举起筷子说的第一句话就是：“也不知道以后有没有机会这么吃饭了。”

我逗他道：“怎么？你小子犯命案了？要跑路？”

余斌抛给我一个大大的白眼，然后长叹一声：“不是犯命案，而是单位待遇越来越糟啊！”

这事我早有耳闻，余斌在某大型国企，是家里找了关系好不容易进去的，待遇好到什么程度呢？呃……这么说吧，反正就是他们家柴米油盐酱醋茶、洗发水沐浴露香皂毛巾都不用买，而且还要挨家送才能够用得完，其他方面的不讲了，讲完了都是红眼和口水。

由于是大型垄断型国企，所以待遇好了那么多年，大家都觉得很正常，进了单位之后工作虽然辛苦，但内心的安全感很高，自知进了保险箱，再也不用担心会丢掉饭碗。安全感一高，幸福感自然也跟着高，于是个个都胖了起来，看起来就是标准的“国企脸”。

但是，余斌进入这家国企之后，并没有像父辈那样胖下去。适逢中央开展国企改革，大手笔整顿，余斌进单位的第三年，各种卡券都不发了，米面粮油也断了来源，每月奖金减少了，出去旅游的福利待遇更是想都不要想。最狠的是最近这一年，收入降低的同时，还精简人员，大量辞退临时工人，在编人员——尤其是年轻大学生全都要去一线实操干活，以前那种大学人背着手站着，外包工努力干着的局面已经一去不复返了。

余斌叹气说：“说句心里话，我们以前的待遇可能是过分了点儿，可是看现在的局面，‘活少钱多离家近’只能是个梦想了。”

我大口吃菜，顺便很不客气地问了一句：“现在待遇是以前的几分之几啊？”

余斌也实在，当即就告诉我：“五分之一吧。”这么快就可以报出数字，可见平时在家没有少算。

我放下筷子，拨弄着手指头算了半天，才发现他现在的工资已经和我这个穷公务员差不多了，顿时大吃了一惊，我说：“你们单位没有人报怨？没有出现不稳定的现象？这简直不科学嘛！”

由俭入奢易，由奢入俭难，这是从古到今颠扑不破的真理。以前国企待遇这么好，大家都已经习惯了，突然间降下来，工作量又大幅度增大，不可能没有人萌生“换个单位”之类的想法。

余斌又叹一口气："当然有人抱怨了，刚改革之初，好多人叫着说要离职不干了，说上街卖煎饼馃子也比这个强，但也就是叫叫，时间长了大家还都是忍下来了。"

"大家觉悟还是高。"我竖起了大拇指。

"不是觉悟高，而是……"余斌犹豫了一下，才不好意思地说，"大家都觉得，这么多年已经适应国企的工作模式了，所会的也只是手头这一部分活儿。虽然现在待遇不如从前，但总不至于饿死，如果真的跳槽出去，我们还会干什么呢？"

我突然被余斌的这段话击中了心灵，对面前的好饭好菜失去了胃口。

因为，我也想到了我自己。

现在我所在的也是体制内单位，主要的工作是做文化遗产保护研究，再就是发公文，接公文，写公文，复印公文，整理公文……几年下来打字速度是越来越快了，用订书机的技能是不断发展了，但是无论是哪一样技能，离开了体制内，我都找不到更好的接收单位。

如果有一天，我的单位也面临极大的改革，我，以及像我一样的姑娘们，能够大胆地跳出去寻找新的工作吗？

还是就像余斌一样，无论待遇多差、工作多辛苦，也要苦苦地守在这里？

想到前段时间，单位有位不得志的中层领导，家里是做生意的，从小对经商充满了兴趣，但受父母的"万般皆下品，还是做官高"的思想影响，进入到机关。多少年来，摸爬滚打，酒精考验，依旧没有太大的起色，不由得心生怅然。前段时间家里有事需要大笔用钱，在外企的表哥、做生意的大姐都能拿出钱来，他却捉襟见肘，心情更是抑郁到了极点。不止一次地，这位中层领导跟我说：“不干了！我不想干了！到了这个月底我就辞职，干点什么不比现在这么混着强？我也不是坐机关的料！”

这样的话他一个月一个月地说下去，但终究也没有离职，每月可怜的工资也还是照数收进腰包。后来有一天，中层领导推心置腹地跟我说：“你平时要多注意学习——我说的不是学习办理公文方面的知识，你已经干得不错了。我说的是多掌握一些其他的技能，万一有一天，这碗饭吃不下去了，你还能跳出去找别的活路。别像我，四十多岁的人了，虽然对现状不满意，但我什么办法也没有，因为现在我走了，我已经除了机关的工作什么也不会干了！”

当时，我真的很感动。

当然，我也很震撼。

所以今天，我深深地懂得了余斌的悲哀，这是我们所有人都可能面临的问题——现在的日子舒服吗？我们有没有给自己多开一条路？

二

自古狡兔有三窟。我们都觉得狡兔很狡猾，现在想起来，那不是狡猾，而是一种生存的必需。

当今的时代，已经不存在真正意义上的铁饭碗了。看似稳定的工作，明天后天就可能突然失掉，将你从这个圈子里推出来。在我妈妈还年轻那个年代，每个市里都配有粮食局。粮食局听起来多么高大上，是广大人民群众心里最“铁”的铁饭碗了——毕竟啊，啥时候人能不吃粮食？当时有门路的人都把子女办到那里去，以求一辈子有饭吃。

但是后来呢，你看现在哪个城市里还有粮食局？粮食放开了，粮食局成了第一批下岗的人。

世界就是这么无厘头，你越觉得稳定的事业越有可能不稳定，包括体制内。现在大学生毕业之后首选就是考体制内，我也不例外，但是经历了千军万马的考验终于进入体制之后才发现，体制内表面上稳定了，内里带给我们的是更大程度上的不稳定。体制内需要的技能非常有限，你可能一辈子都和公文打交道，一辈子都在写申请和报告，一辈子都在做红头文件，但这些技能都是你离开机关之后用不到的。因为技能得不到提升和锻炼，反而滋生了更大的风险。

我有个同事，一年前辞职了，当时引起了不小的轰动，很少有人想到，这么费力考上了体制内，还在比较核心的人事部门，又已经得到了领导的重视，居然说辞职就辞职了。后来和她细聊才知道，她看得已经很清楚了，她说：“我是学土木工程的，南大硕士毕业，专业知识不能算差吧？但是现在，我工作一年了，发现基本用不上我的专业，我的专业快要废了。相反我每天做的都是机关常规性工作，这些工作我一个学工科的绝对没有你们学文科做得好，我这么干下去觉得没有意义，甚至觉得很危险，所以我想还是辞职吧。趁着我还没有忘记本专业，去做更有利于提升我自己的工作。”

作为一个不会盖房子的文科生，我送她深深的祝福，也表示崇高的敬仰，能够敢于跳出去、迎接新挑战的女孩，是值得尊敬的。

反过头来看，我并不支持大家一窝蜂地跳离体制内，无论是机关、事业单位还是国企，其实大家都是社会主义事业的一颗钉，每个人的工作都是很重要很有意义的。我所提倡的只有一点，那就是：在你工作的技能之外，再掌握一门技能。

以我自己为例——这好像有点在炫耀的意思，有一天我们几个小丫头在办公室里聊天，聊着聊着就聊到了悲观的问题上：如果有一天咱们单位解散了怎么办？大家纷纷以此为情境给自己找出路，却悲哀地发现：如果单位近三年内解散，我们个个都可以拿着文凭再去找工作。但如果单位在十年以后解散，我们却几乎没有什么特殊的技能可以养活自己了，所谓的“我在机关红头文件做得很规范哦”这样的技能恐怕不会得到任何企业 HR 的青睐吧。

A 丫头说：“我好像不会干什么啊，我平时爱练瑜伽，身材也不错，要不然我快点考个瑜伽证，给自己多找个饭碗吧。”

B 丫头说：“完蛋了，瑜伽我也不会做，我菜炒得还行，难道去做厨子？恐怕拼不过新东方吧。”

C 丫头说：“我还是转头去对我老公好一点吧，估计那时候只能等他养我了。”

D 丫头其实就是我，突然欣喜地发现：因为我长期写作，与很多期刊和出版社保持着联系，也已经卖出了一部剧本，收入不菲，再加上是市作协成员这个有利条件，好像我还是可以养活我自己，毕竟有一技傍身。

幸福感油然而生。

三

安全，才会让我们觉得幸福。

只有多掌握几门技能，多几条生存的出路，我们才会觉得安全。

所以推理来推理去，做一个优秀的人，首先要搞好自己目前的生活，然后绸缪好未来的生活。

如果你现在在体制内，一定要有危机感，别觉得政府不会拖欠你的工资就可以高枕无忧，一切事物都在变化发展中，无论多少人告诉你“体制就是铁饭碗”你都不要相信，随时保持一颗学习的心，随时以一种“如果单位开除了我，我很快就能找到饭吃”这样的标准来要求自己。

如果你现在不在体制内，那就更有要危机感。说句心里话，私企外企的竞争真的很激烈，一旦你不能干活了，或者你干的活不能入老板的眼了，分分钟就可以让你走人。所以无论现在老板多么器重你，你手里把握着多么重要的业务，都要加强好与其他同类企业的联系，树立好业内的口碑，为一个老板卖命而把所有的老板都得罪，是最要不得的傻事。拿着高薪的时候也要常常问自己：如果我现在离职了，会不会别的单位抢着要我？如果没有，那就继续努力吧，现在的成绩全都不算什么。

也许你看完了这段话，会觉得很焦虑，会觉得生命总没有得到平静，然后怪我“这个破作者让我上火，嘴都起泡了”。在此，我向你推荐黄连上清丸之类的清火药，同时再次郑重地说，药不能停，找新路也不能停。我们内心的平静，其实可以在奋斗中不断得以实现。

现在的安逸绝不是幸福，等到有一天，你发现无论身在何处你都不担心丢了吃饭的家伙，那个时候你才会发现：嘴已经不起泡了，生活也真的幸福了。

第五章

腔调：这是一种态度，有了它，你就和别人不一样

1 做人要能“拿得住人”

—

想有立足之地，必要有过人之处，也就是所谓“拿得住人”。

一

小 A 和小 B 同时去外地培训，为期五天。

外出培训这种事情，往往就是一种变相的旅游，说是五天的课程，大部分人听满四天就差不多了，匀出一天的时间出去转转，功德圆满。小 A 和小 B 都是这么想的，也是这么做的，不承想这次培训非常严格，她俩旷课一天，领导就知道了。

之后就是处分问题了。令小 A 想不到的是，领导给她的处分远远重于小 B，小 A 不服，明明都犯了同样的错误，怎么有轻有重呢？小 A 准备找领导去讨个说法，却让办公室里的资深白骨精按住了。

“白骨精”说：“你想去讲什么？为什么不把小 B 罚得一样重？你

还是省点心吧，领导这么罚有领导的道理，你拼得过小 B 吗？”

小 B 是目前公司里的账务“一把抓”，很多繁重的工作都要小 B 来完成，且能完成得又快又好。至于小 A，虽然在公司混迹多年，资历也算不浅，但跟小 B 比起来，其重要度差远了。

领导敢重罚小 A，以儆效尤，如果小 A 不满，大不了辞职走人，公司多她一个不多，少她一个也不少；但如果重罚小 B，小 B 借此消极怠工或者干脆不干了，那公司可是损失不起的。

小 A 听完了“白骨精”的分析，惊得目瞪口呆。原来，问题的关键在这里。

对，问题的关键就在这里。

像小 A 小 B 这样的情况在每个单位都会发生，大家都犯了错，只罚 A 不罚 B；同样都发钱，给 A 的明显比 B 少。其实领导们奖罚时，极少是根据个人好恶，基本是根据每个人的重要程度，说白了就是：如果你有过人之处，那领导也对你手下留情；如果你可有可无，遇到问题不抓你抓谁？

秦苹也遇到过同样的问题，刚进单位的时候，无论谁犯错了领导都拿她说事。比如同事端来了果盘，大家都吃，她也围过去吃，但是领导只批评她散漫、工作作风不好，却从来不说那个端果盘的同事。起初秦苹委屈得不行，以为是领导对自己有看法，或者领导和端果盘同事有什么亲缘关系。后来才知道，端果盘同事是设计院里的“一号笔”，领导对这种特别有能力的下属多少都有“既敬且畏”的心态，所以不敢多讲，而秦苹业绩能力目前都平平，自然被拿来当靶子。

再比如恋爱，也是一样的道理。梓慧恋了一个某种意义上的“渣男”，渣男有个前女友，水性杨花，曾让此男受了很重的伤。但此渣男与梓慧恋爱期间，只要前女友小手一挥，渣男都欣然前往。梓慧为此哭过多少回了，不知道自己这么真心，为什么就比不上那么一个“绿茶婊”。此事被我们一众姐妹所诟病，也帮她认真分析过，后来发现，她男友是个严重的“声控”，对声音好听的女人完全没有抵抗力，而他的前女友是学播音主持专业的，说话唱歌都非常动听。这就算是被“拿住了”，没有办法。

这种有过人之处的人，用我的家乡话叫作“拿得住人”。做人，就是要“拿得住人”，否则一辈子都受制于人，过得窝囊憋火，过得气闷胸抑。

二

拿得住人有多重要，我们再举个例子。前段时间，我有个朋友想要开个按摩馆，主打的项目是按摩、足疗、艾灸等。开店之前自然要考察市场，他在全南京转了好多个圈，最后决定开在我们单位附近。

“为什么啊？我们单位这里居民少，地租又贵，周围医院又特别多，开在这儿干什么？”我不理解。

朋友露出了一副“你不懂”的自信神情，他说：“你们单位不到一公里处有个盲人学校开的按摩馆，每天都供不应求，周末往往预约都预约不到。我去按摩过几次，其实手法也就一般，收费也不便宜，服务态度更是没什么可取之处。你想想看，这样的店，都能够生意这么火，如果我开一家店，服务手法和环境都更上一层，岂不是要赚得盆满钵满？”

我说：“如果你真的贸然开了这家店，恐怕要赔得倾家荡产。”

原因很简单，朋友只看到了盲校医院按摩馆的表面现象，却没有看到它最“拿得住人”的品质。由于是这个按摩馆是南京盲校所开，是学生的实习地，也具有诊断治疗的资格，所以在这里按摩，付款时可以刷医保卡，以诊断费处理。这是绝大多数按摩馆都做不到的。

我跟朋友说：“下次你再去，看看付款的人现金多还是医保多，你就知道自己能不能赚钱了。”

朋友也是个较真的人，再次去体验生活。这次他着重看了收银部分，果然大部分人都刷医保卡而非付现金。其实医保账户里也是自己的钱，但是朋友随机和一个顾客聊了几句，顾客说出了大部分人的心声：总觉得不花现金就不那么心疼嘛。

更令朋友受挫的是，按摩时有个实习学生说，他即将毕业去另外一个按摩店了，希望老客户能到那个店里照顾照顾他的生意，而实习生的老客户问的第一句话不是“店在哪儿”，而是“你要去的那个店能刷医保吗”？

朋友放弃了在我们单位附近开按摩店的念头，另寻他处。后来单位附近又开了几家按摩保健店，生意都很惨淡，无论怎么促销都无济于事。

开店就是这样，只要有一点能够超过别人，就足以取胜。比如对于盲校按摩馆来说，医院性质、能刷医保卡，就是它最大的优势，也是它最能拿得住人的地方。把握不住这一点，徒然与它竞争服务、环境等其他要素，收益不大。

真的，不用多，只要一点就行了。

三

做人也是如此，异于常人之处，只要一点，就足以得到尊敬，脱颖而出。

我们单位有个姑娘，人缘不好，相貌不好，脾气不好，动手能力也不强，但就有一点厉害：画画。文博场馆但凡要设计一个什么东西，她能够画得又好又快，新颖别致。就凭着这一点，大家谁也不敢轻视她，事事都重视她，她也得以在这个竞争激烈的环境里有尊严地存在着。一点足矣。有一天和她聊天，她说："我以前就是个小透明。"

做小透明的时候，要忍，不要太高调，因为没有实力，没有人会把你的高调当回事。

做小透明的时候，要想，到底想一辈子做小透明还是换一种活法。如果一辈子做做小透明，也没什么不好，如果想要改变现状，就要开始努力了。

做小透明的时候，要看，看看自己再掌握哪种技能才更能抓住人。比如在工作单位里，已经有很多优秀文案了，那就不要总想着做文案，那样你努力的过程会很漫长，实现目标难度也很大，可以转型看看是否适合销售、策划、设计等单位里没有尖端人才的领域，这样才能最快脱颖而出；比如在恋爱关系里，男友的前女友已经是厨房小能手了，男友现在念念不忘前女友做的麻婆豆腐，那就没有必要非学她不可，模仿她是对自己的一种放弃，可以考虑转做别的，比如更擅长烘焙，比如更强于煲汤，超过她的同时也不同于她，才是真正可以拿得住人的做法，否则就是人家的影子而已。

真的，人生就是很辛苦的。如果当你在某个环境里感觉到没有尊严的时候——或者是在恋爱关系里，或者是在工作单位里，或者是在学校班级里，都不要先怪身边人偏心，也不要怪老天不公平，先反思一下自己：是不是没有“拿得住人”的东西？

生活残酷，没有过人之处，大家平日里可以喜欢你、爱护你、善待你，但当出现特殊情况时，往往先选择舍弃你、牺牲你，保护更优秀的、更掌握核心技术的人。不要怪世态炎凉，如果你来做选择，也会如此。

因此，在弱势的人际关系里，卑躬屈膝、奋力讨好、无私付出往往收效甚微，努力发展一门技能，一项特长，一个别人没有的优点，成为一个“拿得住人”的人，才能真正立足，才能真正有尊严地活着。

2　努力，但不要太拼命

努力没错啊，但命只有一条，拼掉了就什么都没了。

2016 年 12 月 11 日，央视新闻报道称：“过度加班又是导致过劳死的首要原因。”有资料显示：我国每年“过劳死”的人数达 60 万人，已超越日本成为“过劳死”第一大国。我们的身边，过劳死的例子比比皆是，经常看到一个看似健康的年轻人，说倒下就倒下了。

所以今天，在本应劝大家非常拼命的励志作品里，我还是要发出一个“不和谐”的声音：大家要努力啊，但是不要太拼命。努力虽然没有错，但我们的命只有一条，如果把命拼掉了，就什么都没有了。

一、你达到努力的程度了吗?

当看到“努力，但不要太拼命”这句话时，可能有很多人长叹一声：“哎呀你看吧，我就是太努力了，太辛苦了，幸好看到了这句箴言，不然说不定过劳死了呢。”然后就从电脑前离开，一头栽倒在沙发上开始玩手机。这并不是我想表达的意思啊，同志们，其实我们绝大多数人的工作及学习安排，都达不到“努力”的程度，更谈不上“拼命”。

以朋友盼盼为例。盼盼是我朋友圈里更新频率较高的一位，每一次更新状态都是励志感满满：早晨是盼盼晨跑的照片，盼盼在朝阳里比出剪刀手，非常潇洒；中午是盼盼在午读，桌上摆着一杯咖啡和一本时下流行书，让我们这些不午睡会死者非常惭愧；到了晚上盼盼又开始晒瑜伽垫，人家晚上吃完了饭还要健身的啊！

通过朋友圈，我能感觉到远在另一个城市里的盼盼传达出浓浓的正能量，也觉得盼盼说的“我要努力到极限哦”是名副其实的。直到有一天，我和盼盼突然相聚，盼盼本人令人大吃一惊：说好的晨跑和瑜伽呢？盼盼已经胖得不明所以了，身材完全走形；提到最近流行的几本书，盼盼也是支支吾吾地说不出来，那明明都是她晒过朋友圈的书啊。

好在大家都是朋友，没有什么不能说，盼盼这才告诉我：她每天的努力其实就是发发朋友圈。早晨到了湖边，拍个照片，跑几步就回来了；中午的时候把封面晒一晒，简直翻几页就去逛淘宝了，咖啡倒是全部都喝下了，但这和努力没有什么关系；晚上的瑜伽是做的，但由于身体的柔韧度不行，所以做几下就放弃了。

“那……何必……”我委婉地表达了一下自己的意思。

盼盼白了我一眼说：“当然还是要晒的，每天发了状态，摆完了POSE，我就觉得自己的目标达到了啊，觉得自己的辛苦都有意义了啊！”

我突然感觉非常理解！其实我们身边很多人，包括我们自己，都有这种心态。给自己定了几个小目标，每天做到了，就觉得非常努力了，再多的负荷已经承受不下了，心安理得地休息了。实际上那几个小目标非常“水”，完成的效果也非常“水”，一切都不过是自己骗自己而已，根本没有那么努力，都只是形式主义。

另外一种形式主义以同学晓晶为例。用一个词形容晓晶那就是“累”。每天早晨她都顶着黑眼圈出现在我们面前，晚上又挑灯夜战到很晚，周末大家出去逛街的时候，她会义正词严地拒绝，强力抵制住诱惑，一头扎入学习的海洋。因为太辛苦，晓晶身上的毛病非常多，颈椎病、肩筋膜炎、腰肌劳损，经常性地感冒发烧闹胃病，看起来实在太可怜了。我们时常劝她不要太拼命了，真的已经可以了，但她都会很励志地从床上爬起来，坚定地对我们说：“不！我还可以更努力！”

是不是要感动了？但是，当我因某些机缘巧合开始真正接触到晓晶的生活后，才发现她确实可以更努力。后来我深入到她日常的学习生活中，才发现晓晶确实很累，但并没有把所有的时间都用来努力学习。比如清晨她早早爬起来了，洗脸、装包就要折腾好久，因为东西摆放没有规律，所以即使找一个手机都要找上十几分钟，还经常会找不到；比如中午她从来不午休，因为要抓紧一切时间嘛，但是因为太困了，她会在午休时间刷几集韩剧来提一下神，往往一看一中午就过去了，我们都睡醒了精神抖擞，而她还困得迷迷糊糊；到了晚上，大家准时上床养精神，她挑灯夜战攻书，然而半夜大家上洗手间的时候往往会发现她在刷手机，并非在学习。

也就是说，晓晶把休息和睡觉的时间最大限度地压缩了，却没把压缩出来的时间用在正地儿。也许会有人说："还不许人家休息啊，你好苛刻啊！"其实并非我苛刻，我认为刷手机和看韩剧不是非常好的休息方式，它会让你的颈椎、腰背及眼睛更疲劳，而这些部位都是你接下来学习还要继续用到的，因此疲劳感会不断增加。如果晓晶选择及时地和大家出去散散心，跑跑步，逛逛街，用大块时间放松一下，休息的效果会更好。

所以晓晶很累，免疫力低下，全身都疼，效率却又不高，于是只能选择更熬夜更早起。恶性循环，周而复始。我不知道晓晶能不能意识到：其实自己的这种行为，根本就不算努力。

总体上来说，我们身边"努力"的人往往会流于上述两种形式，一是实现目标太容易，以为努力了，其实什么都不算；二是时间表排得太满，看似努力实际上大量时间都玩过去了，徒增疲劳。如果你是这两种"努力"的一种，那么"别太拼命"的劝告并不适用于你，你还是需要更努力。

二、到底什么才是"拼命"？

那么，到底什么才算得上是危险的"拼命"呢？

上学的时候，老师们经常会跟我们讲的一句话就是："多动脑子，没有脑子会累坏的，脑子都是越动越活的！"当时咱们可能都把这话当耳旁风，现在回过头来想想，老师说得有道理。我们绝大多数人从事的职业、用脑的程度都达不到"把脑子用坏"的地步。所谓的"拼命"并不用担心我们把脑子高负荷烧坏掉，真正的过劳死以及对身体造成不可逆的损伤，另有所指。

我们高中的时候，有位副校长非常不负责任地对我们说："你们现在睡得太多了，其实你们这么大的孩子睡4个小时就够了，就可以起来学习了！"对这位副校长我一直心存恶感，因为他的话完全是建立在学校想出好成绩的基础上，却从未考虑过学生实际的需求。学生们的脑子是不会累坏的，但是学生们只睡4小时，三学年睡下来，恐怕要死一批啊。

所谓的拼命，就是指如下几种情况：一是睡眠时间少，二是生活无规律，三是长期间保持一个姿势。

关于睡眠时间，现在越来越多的人都意识到它的重要了。我们不以科学的角度来分析这个问题，单从个体的经验就知道睡眠有多重要。如果头一天熬夜了，第二天起床头会昏沉，如果年纪稍大一点，会有心慌的症状，整整一天反应都略微迟钝，食欲不振，精神不好；如果第二天晚上接着熬夜，症状会不断加强；三天之后可能会出现走路腿发软，见光头会昏等问题。如果你现在熬夜并没有这种问题，那只能说明你还年轻、身体底子好，却不代表熬夜没有对你的身体产生伤害。总观那些过劳死的案例，大多都建立在缺乏睡眠的基础上，无一例外。所以无论有多忙，无论自己订立的目标有多高，该睡觉的时候一定要睡觉。

关于生活规律的问题，很多人的重视度都不高。我有个同事，平时油腻酸辣生冷一概不吃，大家都说她将来胃部一定很健康，却不曾想她比我们更早得上了胃病。究其原因就是生活不规律，她一直在外跑业务，吃饭的时间不是自己能够做主的，半夜经常有饭局，虽然不吃油腻酸辣生冷，但是半夜塞进去一个馒头胃也是吃不消啊。长此以往，该吃饭的时候没吃，该饿着的时候很撑，胃自然就坏了。我还有个空姐朋友，睡眠时间每天都有保证，但身体一直不好，原因是睡眠时间虽然够长，但却没有规律，有时候上午睡，有时候下午睡，有时候半夜睡，有时候天快亮了才睡。身体有时很坚强，有时也很矫情，你让它不知道什么时候该醒什么时候该睡，它就要跟你犯毛病了。所以说到底，如果不是职业硬性要求，一定要让自己的生活处在规律的状态里，没有规律的生活无疑是在考验每一个器官的承受能力，你考验它们，它们也可能用病痛来考验你。

关于长时间保持一个姿势的问题，是针对上班伏案族来说。以我身边为例，由于文科生居多，伏案工作居多，所以没有一个不是颈椎病患者，我本人就已经是颈椎不可逆地变直，经常疼得恶心呕吐。我所熟悉的胡姓作家，也是我剧本写作的领路人，常常病发到手部疼痛无法拿起筷子的程度，对于一个作家来说，这是一种巨大的痛苦。长时间久坐工作，看起来很风光，似乎是“劳心者”，实际上对身体也是一种消磨，久坐不仅伤颈椎、腰背，对男性的前列腺也有巨大的伤害，久坐还容易发胖，长肚腩，伴随而来一系列三高病的隐患。那些经常出现在新闻里的在网吧打游戏猝死的男孩，不仅是缺少休息，与久坐也有很大关系。

所以，我们所说的“别太拼命”指的是上述情况。你可以很努力，努力到感动自己乃至全世界，但千万不能以身体为代价，不能以缺少睡眠、不规律的生活以及长久保持一种姿势工作为代价。

三、如何避免太拼命？

如果自我要求就是很高，目标就是很高远，工作就是很辛苦，怎么才能避免拼命呢？

其实也是有办法的。此前，我向许多公认的成功人士了解过他们处理工作与休息的方法，这其中有协和医院的博导、北大的教授、著名的企业家、长江学者、作协作家等，他们的工作负荷都很大，却能够健康地活着（至少现在是健康地活着），总结起来有以下几种方法：

一是规划时间。给自己制作一个时间表，这是我们从小学时就知道的道理，却很少有人坚持下来。大家都觉得每天的时间不够用，于是大量挤占休息、吃饭和睡觉时间，导致越来越辛苦，如果建立起一个行之有效的时间表，就可以克服这个问题。算好自己需要的睡觉时间，画出表来；算好上下班以及吃饭时间（吃饭的时候不要做任何工作），列入表内固定时间；其余时间进行合理分配。我认为，时间表的制作诀窍就在于要有“固定时间”和“机动时间”，在可能会发生变化的时间段做一个“机动时间”，一旦达不到，也不会影响后续的计划，执行起来成就感将变高，持续下去的可能性就会加大。时间表特别适合上文提到的晓晶这类人，有了规划，会发现每天玩的时间、休息的时间都增多了，学习的时间也一点都不少，真是太愉快了。

二是克服完美主义。全世界都在黑处女座，因为处女座是完美主义者。完美本来没有什么不好，但是过于苛求完美就是在和自己过不去了。

许多人特别拼命，对每件事都钻牛角尖，时刻不肯放松，从而错过了休息时间，错过了锻炼时间，错过了愉快的好心情。要知道，世上每件事都是有瑕疵的，无论是谁都做不到完美，要想避免自己太拼命，避免自己死在工作岗位上，就一定要克服完美主义。做得好，做得很好，就可以了，不要始终想做得完美，那将使你失去更多本可用在更有意义的事物上的时间。

三是有取有舍。我身边有位拼命拼倒了的女同志，倒下的时候大家都惊呆了，因为她的事业并没有什么成就，从事的也不是特别辛苦的工作，为什么倒了呢？因为她家庭和工作两边夹攻。这位女同志是那种什么都要插一把的那种人，工作不能放弃，面面都要俱到；家庭更要重视，七大姑八大姨的事也都管。这样的人怎么能不累，累久了怎么能不倒？所以做人要有取舍，一定要知道什么是重要的，什么是相对重要的，什么是可以舍弃的，什么是干脆就不需要的。能力有限的情况下，学会取舍的人才最聪明。

四是不卖苦力。很多工作是有巧方法的，只是你不知道。比如复印机，有的复印机有输稿器，几十张纸放进去，不到一分钟就嘲啦啦印完了；而有的复印机没有输稿器，需要不断地打开扫描板把稿件放进去，那么几十张纸要印很久才印得完，复印的人也累得叫苦不迭。面对工作，我们要让自己成为“有输稿器的复印机”，这就需要我们不断学习锻炼，提高工作能力了。工欲善其事，必先利其器，老祖宗传下来的话很有道理，把时间分一些到学习和提高上，千万不要一味卖苦力，也是减轻负担的好方法。

如果，上述三种方法都不能让你放松下来，你依旧沉浸在没有规律、没有休息、不能动弹的工作里，压力巨大，心情紧张，随时要倒下，那我只能负责任地说：你现在的工作或者你现在的目标根本不适合你。一只兔子去犁地，即使累死了兔子也做不到，给兔子教再多的方法也没有用，喝再多“鸡汤”也没用。所以换一个工作，换一个目标，可能是最更好的方法。

不是教你不上进，只是想告诉你：真的，命只有一条，努力是好的，拼掉了命就大大不妙了。

3　你不是气球，生气不会让你飞起来

很生气？省省吧。有那工夫还不如做些更有意义的事。

又听到老毕在暴跳如雷了。

我们几个丫头对视一眼，皱紧了眉头，相继躲了出去。自正式工作以来，老毕发怒是常事儿，我们也在这种常态中学会了明哲保身的方法——躲。

躲出去的时候，同事亦秋跟我说："你说老毕何苦呢？那么大声音，在机关单位多损形象，自己也气得全身都疼。而且他发火的时候口无遮拦，逮谁说谁，特别得罪人。更重要的是，一点儿用都没有，欺负他的人还是在欺负他，他要吃的亏还是一条不少地吃下去。真是理解不了他。"

我不由得对亦秋竖起大拇指道："不愧是北大硕士，这么简单的几句话，就已经把生气的所有坏处总结出来了！"

生气这种事，从小到大每个人都会遇到，而且不止一次地生气，有暴跳如雷款，有冷言冷语款，有声俱泪下款，也有撒泼打滚款，无论是哪一款，其实际作用都不大，弊端却特别多。听我给你一一道来。

弊端一　生气爱生病。上司老毕就是个特别好的例子，每次他发怒之后，随即就会伴随生出一系列的小毛病来，或者是牙疼，或者晚上睡不着，或者喉咙会发炎，或者脸上会长包。有时候我们趁老毕心情好的时候戏称他还年轻，这把年纪了还会长青春痘，老毕狠狠地瞪我们一眼，说这是正宗的火疖子，绝不是青春痘，因为一按就疼得不得了。每次生小病的时候，老毕心里都跟明镜似的，爱惜地拍着自己的大腿说："唉，不值不值。"诚然不值，老毕生气发火，对手一点都不着急，该吃吃该喝喝，而他却因此生了病，天下还有比这更不值的事吗？

更何况，生气所积累的毛病远不止于此，研究表明，80% 的疾病都与心理因素有关，这其中包括常见的高血压、高血脂、动脉硬化、冠心病、紧张性头痛和偏头痛、支气管哮喘、习惯性便秘、湿疹、类风湿关节炎以及消化道溃疡等等。不看不知道，一看吓一跳，没想到这些恐怖的病症其实都与我们的情绪有这么大关系吧？其实举个简单的例子就明白了，生过气之后往往容易吃不下饭，这就是情绪对我们消化系统造成影响的有力证明啊。再比如女性往往有这样的体会，和男友或者老公吵架之后，月经容易不调，这也是情绪对我们身体功能的一种影响。

老毕前几天体检了，情况不容乐观。我们想，这下子老毕要改改脾气了，要养生了。

没想到面对这样的体检报告，老毕并没有觉悟，反而又生气了，“那小子（指工作中总与他作对的同事）怎么血压不高呢？哼！”

唉，我们可爱又可恨的老毕啊。

弊端二　生气会伤人。生气的时候什么话都说得出来——这是绝大多数人都有的体会。我们经常听到身边的人说：“对不起，我当时是气急了嘛，才说了那样的话。”听起来特别合情合理，却不代表对方不往心里去。即使对方说“没关系”原谅了你，但说出去的话永远像泼出去的水，没有办法完全收回来。比如我的一个相貌美丽的小姐妹，偏偏有个长相平平甚至可以说是丑的妹妹，从小到大她都小心翼翼不流露出对妹妹外表的歧视，直到有一天，她因为一件小事发火，妹妹又顶撞了几句，小姐妹顿时大怒道：“你长得跟个猪八戒似的，还好意思指点我？”这话当场把妹妹震住了。妹妹其人心理也稍微脆弱了点，事后干脆就要自杀，被家人及时发现劝阻过来。小姐妹后悔不迭，一再向妹妹道歉请求原谅，但是说出去的话始终也收不回来，造成的伤害也永远不能弥补。因为道歉只能表示“我不应该说这句话”，却不能表示“我心里不是这么想的”，妹妹明白，在漂亮的姐姐眼里，自己是个丑八怪。这是在愤怒当中吐露出来的实话，妹妹虽然丑，但不傻。

小姐妹时常把这段后悔事儿挂在嘴边，捂着脸痛苦不已，并一再提醒我们：生气了也千万要控制住自己，别把不该说的话乱说！

鉴于生气之后很难控制自己，所以我认为，最好的杜绝伤人的方法就是不生气。

弊端三　生气损形象。生气的时候自己是什么样子的？似乎很少有人想过这个问题。但是最近一段时间，我们文创研发部门的美女生过一次气，让我们对生气心有余悸。彼美女气质优雅，端庄大方，是单位所有人心目中的女神。然而某天因为跟设计公司闹了不愉快，生了大气，大吼大叫，又蹦又跳，声音传过好几道门，连领导都“慕声”前来看个究竟，而她映在我们眼里的形象简直就像个疯子。

事后，美女恢复了以往的平静，但不能再让我们心甘情愿地认她为女神了，发怒时的一幕毕竟让所有人心有余悸，并给她戴上了“平时都是假的”“看上去很没有教养”之类的大帽子。私下里想想，真为美女感到不值，为了设计公司的几个小员工和一点小问题，发了那么大的火，明明是换家设计公司就可以达到的目的，却以付出自己形象为代价来解决，真的值吗？

没有人发火的时候不丑，这是真理。即使是哭，也比发火好看。古人以“梨花带雨”形容女人哭，看起来美女哭了也挺美。但没有形容女人发怒好看的诗句或者词语，即使是在《天龙八部》里，花花公子段誉那么喜欢女人，也曾用“美人抓破脸”来讽刺王夫人发怒——再好看的女人，发怒了就不可爱了。所以这么一想，生气发火真是一件损形象的事儿，而且无论美丑，不能避免。

弊端四　生气费时间。有一次老毕朝我发火了，原因是当天有会，9 点钟需要一份材料，老毕告诉我要早点到，早点把材料打印出来。我算计了一下，五份材料打印出来也就需要几分钟，即使算上打印机坏了、没有纸了、要换墨盒了、电脑死机了等一切突发情况，30 分钟的时间也就够了，于是我提前 45 分钟到了会场。本以为老毕会表扬我“真会打提前量”，谁知老毕发了火，他8点就到了，正在四处找我这个不争气的兵。当老毕开始发怒发火发厥词的时候，已经是8点20了，老毕张了嘴就闭不上，一直在生气，却始终没有让我去打印材料的意思。我实在忍不住了顶了一句嘴，我说：“主任，下次我早点来，但是今天真的来得及，我马上就去打材料好不好？”

老毕回复道：“根本来不及了！已经这么晚了！你说你怎么回事……”然后又是一顿臭骂。

我硬着头皮听了一会儿，又过去了15分钟，我实在忍不住了，再次要求老毕先放我去打印材料，但时老毕不肯，还是在发怒，没事还踢踢脚下的垃圾桶。唉，宝贵的时间就这么一分一秒过去了，材料还没有打呢。后来我实在忍不住了，在还有10分钟就开会的时候冲出去，用了3分钟把材料打完了，送进了会场。

会场上，老毕看到我还是气哼哼的，对我说：“看到了吧？差点来不及了吧？”

我差点晕倒，老大，如果不是你用了那么多时间发火，再打50份都来得及好吗？

这件事情确实有我的不对，但请先不要批评我，请先着眼于关键问题——关于发火的浪费时间问题。当遇到重大问题的时候，不要先急着发火，大吼大叫一顿并没有什么用，反而浪费了很多可以抢救问题的时间，比如老毕这件事，就是个生动的例子。有时候，时间比发火更重要，而把时间抢回来之后，你可能也就不想发火了。

弊端五　生气降威严。不能再拿老毕举例子了，再举例子老毕恐怕会吃了我。那么就举个闺蜜的例子吧，这个闺蜜的名字姑且不提，因为我相信世界上千千万万个姑娘都遇到过和她同样的情况——发火太多。

自从恋爱之后，女孩似乎就有了向男友发火的权利，大事小情都可以发火，而且发火往往是莫名的，引一众直男大呼“为什么”。其实没有为什么，人往往对亲密的人格外高标准严要求，同样一件事，同事做了女人不会发火，男友做了女人就必发火。闺蜜就是个“小火枪”，三天一小火，五天一大火，但是恋爱三年之后，闺蜜突然发现一个问题：发火好像不那么有用了哎。

以前闺蜜发火之后，男友第一时间灭火，甜蜜言语哄之，珍贵礼物送之，海誓山盟发之，并一再认可闺蜜的正确并承认自己的无知。但是现在，闺蜜发火之后男友已经不再那么当回事了，象征性地哄几下，甚至干脆就不哄了，直接找个借口说有事走开，等闺蜜气消了才回来。至于每次发火的理由，也不像以前那样对闺蜜言听计从表示崇拜了，而是会回一句“怎么说都是你有理，其实就是无理取闹”。

闺蜜说：“这可怎么办？眼看着发火大法已经不好用了哎！”

我想说：“发火大法是打怪的大招，哪能没事就用，用时间长了，就像吃多了老鼠药的老鼠似的，都免疫了啊！”

相反，有个同事对老婆一直言听计从，直到现在结婚已经十年了，依旧是老婆最大。我们平时观察他老婆，和和气气的不像是有脾气的样子啊，为什么这么怕呢？同事一边扯着笑脸说“不是怕老婆，而是尊敬老婆”，一边又推翻自己的理论，低声说：“我老婆要是发起火来可吓人呢，但是轻易不发火，我俩结婚十年，就发过两次火，吓得我哦！”

我不太相信他老婆真能力大无穷、火力无边，我更愿意相信的是，在他们良好感情基础之一，他的老婆是一个聪明的女人，她不经常发火，反而树立起了自己的威信，让男人时时刻刻害怕那未知的火。要是像闺蜜那样天天烧，什么火男人都能克服得了，说不定还会影响感情。

说到底，生气发火的危害其实很多，会生病，会损形象，会浪费宝贵的时间，会伤害身边的人，也会无助自己的威严。最重要的是，生气没有任何用处！你又不是一只气球，生气并不会让你由此飞起来，飞到人生的巅峰。

现在，越来越多的人意识到生气无用的问题，并有许多人著书说明“别生气，要宽恕，要原谅”。我觉得大家说得都对，但在生气的时候熟背“要宽恕要原谅”作用真的不大。在我看来，想要压灭火气就是几个步骤：

第一步，想想有没有发火的必要。如果有，发之；没果没有，进入下一步。

第二步，既然没有发火必要，又快要克制不住自己了，那就想想上文提到的“生气五大坏”，伤身伤人伤形象伤威严伤时间。如果想完，克制住了，那就好；如果没有克制住，进入下一步。

第三步，生气之前，想想有没有解决的办法？如果有，解决之；如果没有，无法挽回了，进入下一步。

第四步，既然非生气不可，干脆走吧！跑得远点，眼不见心不烦，转移一下注意力，找别人玩去！

好吧，这就是我对付生气的一套办法，找了几个人试过，有时好用，有时不好用，因为火气会直接攻心，来不及思考。

但是，控制情绪本来就是一件需要修炼的事儿，想通之后，修炼起来就容易得多了。最后祝大家都修炼成功，不再生没有用的气，用宝贵的时间、宝贵的身体去做更有意义的事情。

4　女人美吧美吧，才有机会

—

不是教你坏，但讲真，美好的外表会带给你意外的收获。

一

单位有个好机会——赴德国与某古堡进行互展借展与学术交流。森森掐指一算，无论是从资历还是术业专攻来看，这次一行人里肯定有她！这几天森森已经开始上网浏览德国的风土人情及美食美酒，并对我们这些铁定去不成的姑娘们抛来话：想代购什么？我帮你们！

我们也疯狂地列代购清单，像迎接一个重要的节日。却不承想出访名单公布了，里面并没有森森，派出的是另外一个姑娘梓慧。梓慧资历比森森差一点，所在的业务部门也不像森森与此次交流那么直接对口，但是领导经过几次开会讨论，还是决定带着梓慧去。

私下里有领导放出话来：出国嘛，考虑到国家形象问题，就……

这话的含义够明显吧？说白了就是森森不如梓慧好看，与业务和资历无关。

森森非常不服气，拉我出去吃饭，并把一肚子苦水都倒了出来，最后森森一句话定了性：“长得好看有什么了不起？”

答案很不幸：长得好看，真的了不起。

森森犯了很多知识女性都犯的一个错误。

从小到大，像森森这样的女生一直被父母和老师灌输一个道理：“不要臭美啊，那都没有用，好好学习才是王道。”于是像森森一样聪明又听话的女孩，在努力学习的大道上一路狂奔，从未考虑过好好收拾一下自己的脸蛋和身材，以及身上围着的那几尺布。后来，森森在学术上大有所成，亲朋好友都夸森森：“给新时代的女性长脸，这学历这文凭，多厉害啊！”却没有人提醒一下森森，身上穿的是土气非常的陈年老款衣服，体形已经胖得无法言说，脸上更是痘痘丛生。

其实，肯定这期间也有人善意地提醒过森森了，而森森也肯定以她知识女性的自负回一句：“要那么好看干什么？我又不是靠脸吃饭的！”这一句话，足以让提醒她的人感到羞愧，劝一个女博士从此靠脸吃饭确实很羞愧。

正因如此，森森始终没有男友，她一直想不明白：我思想这么深刻，学问这么高深，会做家务，烧得一手好菜，工作和家庭条件也都不赖，为什么那些男人都不考虑我？当我们委婉地告诉她“可能是因为外表”时，她白了我们一眼，认为我们把人都想得太肤浅了。我们再一次低下了羞愧的头颅。

直到今天，去德国互展的机会也失去了，森森才真正意识到外表对她的伤害有多大。梓慧其人，虽然不是惊艳四方，但绝对是一个面容清爽的姑娘，举止落落大方，谈吐得体，与外表邋遢、品位较差的森森相比，如果我做领导，这次机会我也会考虑让梓慧去。

毕竟……不想让德国的帅哥们以为咱中国的姑娘都长成那样，是不是？

那天晚上森森喝醉了，脸上的痘痘愈发变红。她手扶着酒瓶子，口齿不清地说："怎么这样呢！这个世界怎么这样呢？我哪点不比她强，她就凭个脸就可以抢走我的机会吗？"

我叹了一口气，并把盘子里最后的肉都塞进我的嘴里。我香喷喷地嚼着肉，心里却苦苦的，我想有太多好姑娘像森森一样掉进了"不要臭美"的误区，从而忘掉了一件事情：美，真的是一种竞争力。

二

以前在出版社实习的时候，部门里来了两个姑娘，一个姑且叫小 A，一个姑且叫小 B，二人都是名校毕业，也都有"努力奋斗留在出版社"的劲头。部门主管孟姐对她们进行了长时间的观察，后来决定留小 B。

为什么？其实我看不出小 A 有什么不好。

孟姐的回答很惊人：小 A 太胖了，我不想要她。

起初我以为孟姐以貌取人，对她大加鄙视了一番，但孟姐给我讲完道理之后，我就服得五体投地了。孟姐说，小 A 入职之后，她就经常与小 A 聊天，了解她之前是否得过什么需要大量服用激素的疾病，并试图了解小 A 家里是不是有肥胖病的遗传史。由于孟姐问得很巧妙，所以小 A 全都如实回答了——没有，一点都没有。这就坚定了孟姐要淘汰小 A 的决心。

孟姐说："没有遗传和疾病的原因，小 A 的肥胖就只能归结为不自制了。虽然她上班的时候很努力，但我可以相信下班之后她是怎么对待自己的生活和自己的身材的。一个对自己外表都没有要求的女孩，我不相信她是上进的，更不相信她是优秀的。"

我想来想去，觉得孟姐有理。

三

综上所述，美丽，真的很重要。

无论是对异性，还是对同性；无论是对上司，还是对同事。美丽，都很重要。

你不需要有惊人的美貌，但至少要让人看着舒服，这种程度的美丽就可以了。头发一周不洗，脏兮兮地来上班，再努力也别指望领导会器重你；体形无限制地变胖，从来不克制，再深情的男友也可能会离开你；只专注于工作，对外表完全不修饰，穿得像个原始人，再好的机会也有可能从你身边溜走。

这个世界对美与不美都有歧视。如果你太美，走在街上什么都不做，都有可能招来敌意，男人会默认为你是尤物，女人会默认为你是狐狸精；同样，如果你不美，坐在哪里都不会被人注意到，女人会愿意跟你打交道，却不会给你真正的尊重，男人干脆可能完全无视你，无论你是多么好的工作伙伴。

所以说到底，不是让你骚，而是给你自己恰到好处的美丽，在自己先天的基础上努一把力。

首先调整一下身材。过胖的要减肥，适当节食，多做一些运动，这也是为了健康考虑；过瘦的稍微增一点肥，让自己有曲线，纸板美人只在 T 台上流行。

第二要调整一下衣着。经济实力允许的话，不要再穿便宜的淘宝货了，女人过了 25 岁再穿淘宝货，很难穿出气质来。不需要买特别贵重的名牌，找一些适合自己的、舒服的品牌就可以了，衣服不用太多，每季度要有合适的替换。每年都要添新衣，别守着几年前的旧款死穿，衣服很少会穿坏的，等着它破了再买是不现实的，你只会让你的青春在旧衣服里消磨掉。

第三要学会化妆。化妆真是一件神奇的事情，再平淡的面容只要化上淡妆，都会显得立体而有神得多。不过不支持浓妆，浓妆极易使女人看起来风尘感十足，从而降低了自己的身份，只要淡妆即可，粉底、眉毛、眼线、唇膏，画起来速度很快，花费也不太高。

第四要注意仪态。一个驼背的你，和一个挺直腰板的你，完全不是同一个你。不信的话就在镜子前面试一试，你会发现质一般的飞跃。有时候我们已经打扮得美美的了，但就是不好看，往往就是因为仪态问题。在这里提醒大家，站立和坐姿时，都要保持背部的挺直，收腹挺胸，两肩膀微微下垂，头部像被牵引似的朝上提，这时候你会发现自己比平时要优雅得多，甚至就像一只白天鹅，而且收腹挺胸动作会让你在无形当中减去腹部的赘肉，一举两得。

变美，是女人的义务，也是女人的权利。真的不要让自己在平淡的面容里老去，变美一点，你会发现身边越来越多的好机会都会朝你飞奔而来，而你的心情也会越来越好，生活越来越幸福。

这一切美好，都源于你变美了一点点。

5　明日有愁，选择性地愁

从前有个古人，人称“杞人”，后来他死了。

从前有个人，叫杞人，他总是担心天会塌下来，每日忧心忡忡，结果天没有塌下来，他先死了。

然后这个可怜的人不仅被嘲笑，还被专门引入成语，将他的故事长久保存作为反面教材。

实际上，杞人想得未必没有错，天也许真的会塌下来呢，谁能断定他说得就不对呢？杞人的悲哀在于，他把痛苦和忧虑提前得太早了，在困难还没有来临之前，就把自己愁死了。

所以，明日有愁，选择性地愁吧。

今天的烦恼不会减少明天的负担

美美是个乳腺癌患者，而她今年只有 27 岁。

27 岁，多美好的年纪，却要忍受那一刀，并永久失去身姿的美丽。美美说上天对她不公平，我们也为她叹息，但是仔细想想看，美美得病不是没有原因，即使她不得这个病，恐怕身体别的方面也会出问题。

原因在于：美美真的太会“愁”了。

每天下班之前，大家都快快乐乐地收拾包包，计划着即将到来的几个小时的美好时光。这种时候，往往最严厉的领导也会露出笑容，和下属们逗逗闷子，再不调和的同事也会突然间友好起来，你一句我一句地聊起八卦。但美美不一样，她的眉头已经皱起来了，她常说的话就是：“哎呀，怎么办，明天还有这么多活，你看，这个这个这个，明天肯定要累死了！”

然后，美美失去了下班的好心情，早早沉浸在明天繁重工作的阴影里，日复一日，年复一年，以至于美美从来都没有好心情过——因为工作总会有，不存在今天下班了，明天就没有任务的情况啊。

其实，美美的岗位并非比别人更重要，承担的工作也并非比别人更多，但她却比所有人都焦虑。有一次，单位不知谁放出风来，说是要降低工作标准了。听到这个消息，大家无一例外都要怨天尤人一番，但是怨过之后，每个人该怎么过日子还是怎么过，谁也没有真把这个半年以后才会到来的烦心事放在心里——毕竟半年的时间还长呢，那时候谁晓得会发生什么？也许政策就不变了呢？

但美美不行，她立即陷入对降工资的恐慌里，她说：“这怎么行，我现在租的房子肯定租不起了，我要买的房子也买不到了。买不到房子，房价明年肯定还要涨，越来越买不起，这辈子就完蛋了；租个便宜一点的房子，那肯定就离单位远了，每天早起晚归，我本来就很累了，时间一长身体就完蛋了，这可怎么办？降薪了怎么办？”

很长一段时间里，我们都在听美美念叨着段话，犹如祥林嫂。大家劝她不要那么提前发愁，要降大家一起降，总会有其他办法，但是她不停，不断地预支着未来的愁绪。

半年之后，根本没有降薪，那不过是一些马大哈对政策的误读而已。大家自然欢喜，这其中也包括美美，她也短暂地开心了一小会儿，但我看着她的笑脸，真的为她而不值——白白地忧虑了那么久，期间因为上火还急性咽喉炎发作了一次。

今天的烦恼并不会让明天的负担减轻，却足以让你失去今天的快乐。美美不懂得这样道理，所以对她来说，明天不见得比别人轻松，今天却必定比别人不开心。时间长了，周而复始，再加上家族有乳腺癌的遗传，就得上了这样一种病。

手术之后，效果还是不错的，我们都去医院看了她，言不由衷地安慰她说“一切会好起来”。但我们知道，一切并不会因此好起来，因为美美躺在病床上，依旧皱着眉头说：“医生说有人切完了之后会复发的，这可怎么办，到了40岁的时候特别容易复发，那时候可就完了，更难做了，怎么办？”

看到27岁的美美要把40岁的愁绪提前到现在了，如果她这样提前地开始忧虑，我不敢想她是否还能够撑到40岁。

有些事，拖着拖着就不是事了

某个领导交给我一件特别奇葩的工作——完全是没有经过深思熟虑，让我特别难做。初入职场的我发挥了小年轻人的耿直，当即跟领导讲道理，说明不能做的理由，搞得领导下不来台，拂袖而去。

另外一位领导见证了事件的全过程，他看着面红耳赤的我，笑了，他说："你还年轻啊，其实刚才你应该答应下来的。"

"答应下来？可是根本办不到嘛！"

"不，你先答应下来，拖着不做。他也许会发现这个命令有问题，从而不用你再做了。还有一种可能，刚才领导只是心血来潮想起来了，将来会忘掉了。反正拖一拖，你会发现这事儿拖着拖着就没有了，你不用争辩，领导也有了面子，多好。"

我当时鼓着个眼睛，完全不懂这是什么意思。

后来，这位劝说我的好领导调走了，我也在机关里一年一年地混熟了，才发现"拖一拖"真是一种人生智慧。有些工作，有些事，如果觉得特别困难，特别不合适，不妨就拖一拖，时间往往会纠正很多错误，弥补很多缺陷，从而消弭掉起初的尴尬。

这种方法听起来非常消极，甚至在写下这些话的时候，我也觉得心虚，但是如果你真的在机关或企事业单位工作过，就会发现这是一句上不了台面的金玉良言：遇到问题先不要急着办，你拖一拖，可能会有转机。

这种"拖"不是指一切工作都拖，那样极有可能领导会让你卷铺盖走人。这种"拖"针对的是不合适的、特别困难的、多方利益冲突的工作，遇到这种任务，如果当场顶撞或者强行解决，往往会引起很多矛盾，但是拖一拖就不一定了，也许有人会因机缘巧合帮你做了，也许领导突然发现其中问题改变主意了，也许客观环境出现变化这事不用做了，种种可能性都有。

有一次领导要派我外出学习英文讲解，以备外宾到来时进行历史文化的说明。当时接到这个任务我都懵了，一来这不是我的业务范围，二来我自认为外语表达达不到领导要求，三来也是最重要的一点，我口语还可以，听力却是差得人神共愤。当时我差点要在会上站出来说“我不行”，但是想到那个“拖一拖”的原则，我微笑着表示默认了。事后，我进行了一定程度的锻炼，但也在等更好的转机。果然，到了 8 月份的时候，单位招聘了一批相关人才，自然也就不需要我这个二把刀了。随便一个“拖一拖”，我不用在领导面前露怯，不会被扣上“不服从命令”的帽子，真是非常完美的结局。当然了，如果当时真的没有出现转机，也确实需要努力加把劲儿追赶领导的要求，但我想说的是，真的没有必要在任务一出现的时候就抱头大愁，除了伤害自己的健康，没有什么太大的益处——柳暗花明之后，你会发现自己的愁绪都白白付之东流了。

说到底，拖一拖，虽然有些消极，却是一种人生的智慧。现在的社会节奏这么快，几乎人人都在宣扬要快起来，跑起来，抓起来，赶起来，殊不知有些事情真的不能着急，有些情绪根本不能预支。尤其是忧愁——有忧患意识是好的，但如果事事都放在心里，把很久以后可能遇到的问题都放在脑子里面想着，对于身体和心境来说，都是死路一条啊。

所以消极地说一句：遇到事儿，先别急着愁，拖一拖也许就不是事儿了。

该操的心就操，不该操的心就跑

“可愁死我了，我那个儿媳妇啊，又买冰棍了，一买一箱。我说了多少次了，夏天不要吃冷的，对身体很不好，可她就是不听啊！”

“可愁死我了，儿子说他们明年就要换岗，还不知道换到哪里去哦！”

“可愁死我了，我亲家母的身体不好，会不会得大病拖累一家子啊！”

“可愁死我了，明年就是羊年，儿媳妇万一那个时候怀孕，生出属羊的可就不好了！”

“可愁死我了……”

邻居张大妈的口头语就是“可愁死我了”，平时见到人，张大妈是很愿意打招呼的，但是招呼完了立即就是“可愁死我了”，让人恨不得掉头就走。所以我平时遇到张大妈的时候，就是远远地招手，大叫一句“张大妈您好啊”，丝毫不失礼数，但是立即就绕道走，以免被张大妈伸手拉住“数愁”。

上个假期再回家，一直没有看到张大妈，斗争经验没有了用武之地，我有点诧异，就问了娘亲。娘亲大人睁着大眼睛说：“你不知道啊？张大妈中风了！现在在家躺着呢，哪还能出来说话。”

原来，张大妈在几个月前突然中风，栽倒在地上，到了医院一查，各项指标能高的都高，把命拾回来就不错了。老人的群体里，一人倒下，立即就会成为这个群体的热门话题，这些部队里的老干部老家属们动用了毕生的智慧，总结出了张大妈倒下的原因——操心太多，愁太多。

真的，张大妈操心的事儿太多了，而且绝大多数都是不应该操的心。这种事在当婆婆的身上时常出现，她操心儿媳妇的饮食，儿媳妇听了很不高兴，翻一个白眼给她；她操心儿子换岗，但是儿子的工作她是一点也帮不上忙的，徒然每天在儿子耳边念叨，惹儿子上火；她操心亲家母身体不好，操心儿媳妇会生出羊年的孩子，这全都是她不应该操心，或者说操心了也不讨好的事情，何苦为了这些事把自己折腾进医院呢？

身边很多人都是这样，感觉自己是世界警察，样样都要插手，事事都要操心，却不承想，每个人的精力都有限，快乐的时光也只有那么一点点，如果每天都用这些没必要的烦心事挤掉可以闲适享受生活的时光，身体能好吗？

希望张大妈能好起来，重新回到楼下的聊天群里。也希望身边许多上了年纪和没上年纪的“张大妈”们，少操心一些没有用的吧。

说到底，杞人的故事虽然是老故事，却依旧有时代意义。每一天我们都有愁事，每一天都背负着生活的压力，但一定要牢牢记得这几句话：该操心的事情操心，不该操心的事情别管。有些事看着是事儿，其实时间长了，拖一拖就不是事儿了。更重要的是，即使真的是事儿，真的需要发愁，也不要预支愁绪，今天预支了愁绪不会让明天更轻松，但肯定会让今天不快乐，会让未来不健康。

后记

优秀的人，都是相似的。

那么，是不是只要总结了全部的共性，学着他们一步步走下去，就能够走向灿烂的成功呢?

在本书结束的时候，我不得不泼点冷水击破这种美丽的幻想：未必。

学了他们的共性，也未必能成功。因为成功是多种因素的集合体，是无法一再复制的。

但是，只要我们领悟了其中的奥妙和精髓，即使不能一飞冲天，总是可以让自己比以前更优秀，更进步，更甄于完美。针对自身的纵向比较，其实比总览世间全局的横向比较更有意义——才是我提笔写此书的用意。

最后，我想说的是：每个人都渴望成功，但不是所有人都能成功，如果你真的已经拼尽了全力，做到了最好，却还是没有得到想要的，那么也不妨放开。追求成功的过程往往比成功本身更重要，过于执着会伤害自己的身体和心灵。优秀是我们所向往的，优秀的人是我们所渴慕的，但是小事由人，大事由天，做到了，成也罢，不成也罢，一切都可以放下。